应用型本科院校“十二五”规划教材/工科数学学习指导丛书

主　编　孔繁亮
副主编　高恒嵩　王礼萍

线性代数学习指导

（第2版）

A Guide to the Study of Linear Algebra

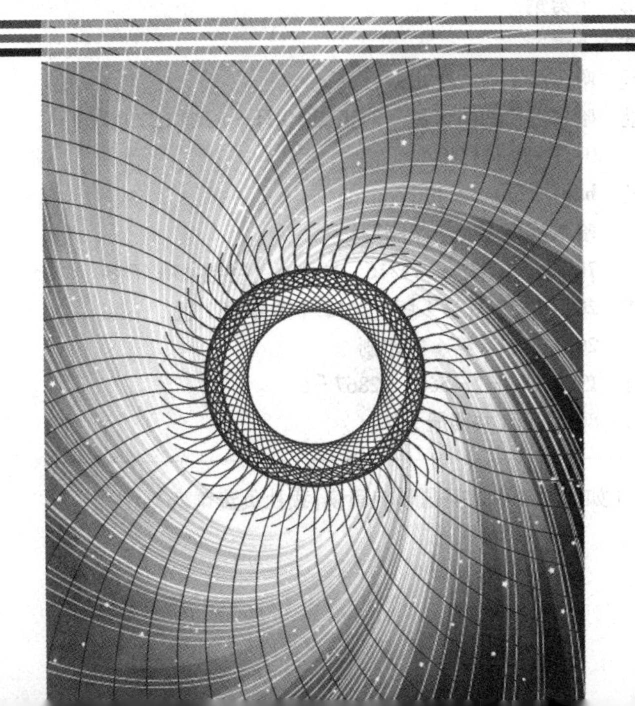

哈爾濱工業大學出版社

内容简介

本书是应用型本科院校规划教材工科数学学习指导丛书之一，它是孔繁亮教授主编的《线性代数》教材相配套的学习指导书。内容包括：行列式，矩阵，n维向量和线性方程组，相似矩阵及二次型等。每章都编写了以下五方面的内容：内容提要，典型题精解，同步题解析，验收测试题，验收测试题答案。还编写了五套自测习题，并附有答案。叙述详尽，通俗易懂。

本书可供应用型本科院校相关专业学生使用，也可作为教师与工程技术人员的参考书。

图书在版编目(CIP)数据

线性代数学习指导/孔繁亮主编. —2版. —哈尔滨:哈尔滨工业大学出版社,2012.9(2017.1重印)
(工科数学学习指导丛书)
应用型本科院校"十二五"规划教材
ISBN 978-7-5603-2867-6

Ⅰ.①线… Ⅱ.①孔… Ⅲ.①线性代数-高等学校-教学参考资料 Ⅳ.①O151.2

中国版本图书馆CIP数据核字(2011)第151249号

策划编辑 赵文斌 杜 燕
责任编辑 王勇钢
封面设计 卞秉利
出版发行 哈尔滨工业大学出版社
社 址 哈尔滨市南岗区复华四道街10号 邮编150006
传 真 0451-86414749
网 址 http://hitpress.hit.edu.cn
印 刷 哈尔滨工业大学印刷厂
开 本 787mm×1092mm 1/16 印张8 字数170千字
版 次 2010年12月第1版 2012年9月第2版
2017年1月第4次印刷
书 号 ISBN 978-7-5603-2867-6
定 价 80.00元(共四册)

《应用型本科院校“十二五”规划教材》编委会

序

哈尔滨工业大学出版社策划的《应用型本科院校"十二五"规划教材》即将付梓，诚可贺也。

该系列教材卷帙浩繁，凡百余种，涉及众多学科门类，定位准确，内容新颖，体系完整，实用性强，突出实践能力培养。不仅便于教师教学和学生学习，而且满足就业市场对应用型人才的迫切需求。

应用型本科院校的人才培养目标是面对现代社会生产、建设、管理、服务等一线岗位，培养能直接从事实际工作、解决具体问题、维持工作有效运行的高等应用型人才。应用型本科与研究型本科和高职高专院校在人才培养上有着明显的区别，其培养的人才特征是：①就业导向与社会需求高度吻合；②扎实的理论基础和过硬的实践能力紧密结合；③具备良好的人文素质和科学技术素质；④富于面对职业应用的创新精神。因此，应用型本科院校只有着力培养"进入角色快、业务水平高、动手能力强、综合素质好"的人才，才能在激烈的就业市场竞争中站稳脚跟。

目前国内应用型本科院校所采用的教材往往只是对理论性较强的本科院校教材的简单删减，针对性、应用性不够突出，因材施教的目的难以达到。因此亟须既有一定的理论深度又注重实践能力培养的系列教材，以满足应用型本科院校教学目标、培养方向和办学特色的需要。

哈尔滨工业大学出版社出版的《应用型本科院校"十二五"规划教材》，在选题设计思路上认真贯彻教育部关于培养适应地方、区域经济和社会发展需要的"本科应用型高级专门人才"精神，根据黑龙江省委书记吉炳轩同志提出的关于加强应用型本科院校建设的意见，在应用型本科试点院校成功经验总结的基础上，特邀请黑龙江省9所知名的应用型本科院校的专家、学者联合编写。

本系列教材突出与办学定位、教学目标的一致性和适应性，既严格遵照学科体系的知识构成和教材编写的一般规律，又针对应用型本科人才培养目标及与之相适应的教学特点，精心设计写作体例，科学安排知识内容，围绕应用讲授理论，做到“基础知识够用、实践技能实用、专业理论管用”。同时注意适当融入新理论、新技术、新工艺、新成果，并且制作了与本书配套的PPT多媒体教学课件，形成立体化教材，供教师参考使用。

《应用型本科院校“十二五”规划教材》的编辑出版，是适应“科教兴国”战略对复合型、应用型人才的需求，是推动相对滞后的应用型本科院校教材建设的一种有益尝试，在应用型创新人才培养方面是一件具有开创意义的工作，为应用型人才的培养提供了及时、可靠、坚实的保证。

希望本系列教材在使用过程中，通过编者、作者和读者的共同努力，厚积薄发、推陈出新、细上加细、精益求精，不断丰富、不断完善、不断创新，力争成为同类教材中的精品。

第2版前言

为了加强学生的自学能力、分析问题与解决问题能力的培养，加强对学生的课外学习指导，我们编写了这套学习指导书。这套学习指导书是与应用型本科院校数学系列教材相匹配的。

本书是与孔繁亮教授主编的《线性代数》教材相配套的学习指导书。内容包括：行列式，矩阵，n 维向量和线性方程组，相似矩阵及二次型等。每章都编写了以下五方面的内容：内容提要，典型题精解，同步题解析，验收测试题，验收测试题答案。在最后编写了五套自测习题，并附有答案。叙述详尽，通俗易懂。

本书由孔繁亮教授任主编，高恒嵩、王礼萍任副主编，王颖任参编。在编写过程中参阅了我们以往教学过程中积累的有关资料和兄弟院校的相关资料，在此一并表示感谢。

建议读者在使用本书时，不要急于参阅书后的答案，首先要独立思考，多做习题，尤其是多做基础性和综合性习题，这对掌握教材的理论与方法有着不可替代的作用。希望本书能在你解题山重水复疑无路之时，将你带到柳暗花明又一春的境界，引导你不断地提高自学能力、分析问题与解决问题的能力。

由于时间仓促，水平有限，书中难免存在不当之处，敬请广大读者不吝指教。

编　者

2012年5月

目　录

第 1 章

行 列 式

1.1 内容提要

1.1.1 n 阶行列式的定义

由 n^2 个数排成 n 行 n 列,得到如下算式

$$D=\begin{vmatrix} a_{11} & a_{12} & \cdots & a_{1n} \\ a_{21} & a_{22} & \cdots & a_{2n} \\ \vdots & \vdots & & \vdots \\ a_{n1} & a_{n2} & \cdots & a_{nn} \end{vmatrix} = a_{11}A_{11}+a_{12}A_{12}+\cdots+a_{1n}A_{1n}$$

称之为 n 阶行列式.其中

$$A_{1j}=(-1)^{1+j}\begin{vmatrix} a_{21} & \cdots & a_{2,j-1} & a_{2,j+1} & \cdots & a_{2n} \\ a_{31} & \cdots & a_{3,j-1} & a_{3,j+1} & \cdots & a_{3n} \\ \vdots & & \vdots & \vdots & & \vdots \\ a_{n1} & \cdots & a_{n,j-1} & a_{n,j+1} & \cdots & a_{nn} \end{vmatrix} \quad (j=1,2,\cdots,n)$$

1.1.2 余子式与代数余子式

n 阶行列式中划去元素 a_{ij} 所在的第 i 行和第 j 列的元素,余下的元素按照原来位置构成的 $n-1$ 阶行列式,称为元素 a_{ij} 的余子式,记作 M_{ij}, 称 $A_{ij}=(-1)^{i+j}M_{ij}$ 为元素 a_{ij} 的代数余子式.

1.1.3 行列式的展开定理

n 阶行列式等于它任意一行(列)的所有元素与其对应的代数余子式乘积之和,即

$$D=\begin{vmatrix} a_{11} & a_{12} & \cdots & a_{1n} \\ a_{21} & a_{22} & \cdots & a_{2n} \\ \vdots & \vdots & & \vdots \\ a_{n1} & a_{n2} & \cdots & a_{nn} \end{vmatrix} =$$

$$a_{i1}A_{i1} + a_{i2}A_{i2} + \cdots + a_{in}A_{in} =$$
$$a_{1j}A_{1j} + a_{2j}A_{2j} + \cdots + a_{nj}A_{nj}$$
$$i,j = 1,2,\cdots,n$$

1.1.4 行列式的性质

(1) 行列式与它的转置行列式相等.

(2) 互换行列式的两行(列), 行列式变号.

(3) 如果行列式有两行(列) 完全相同 , 则此行列式等于零.

(4) 设有 n 阶行列式 $D = \begin{vmatrix} a_{11} & a_{12} & \cdots & a_{1n} \\ a_{21} & a_{22} & \cdots & a_{2n} \\ \vdots & \vdots & & \vdots \\ a_{n1} & a_{n2} & \cdots & a_{nn} \end{vmatrix}$,A_{ij} 是 D 中元素 a_{ij} 的代数余子式 ($i,j = 1,2,\cdots,n$), 则

$$a_{i1}A_{j1} + a_{i2}A_{j2} + \cdots + a_{in}A_{jn} = 0 \quad (i,j = 1,2,\cdots,n;i \neq j)$$
$$a_{1i}A_{1j} + a_{2i}A_{2j} + \cdots + a_{ni}A_{nj} = 0 \quad (i,j = 1,2,\cdots,n;i \neq j)$$

(5) 行列式的某一行(列) 中所有元素都乘以同一个数 k,等于用数 k 乘以此行列式.

(6) 如果行列式有两行(列) 元素成比例, 则此行列式等于零.

(7) 如果行列式的某一行(列) 元素都是两个数之和, 例如第 i 行的元素都是两个数之和

$$D = \begin{vmatrix} a_{11} & a_{12} & \cdots & a_{1n} \\ a_{21} & a_{22} & \cdots & a_{2n} \\ \vdots & \vdots & & \vdots \\ a_{i1} + b_{i1} & a_{i2} + b_{i2} & \cdots & a_{in} + b_{in} \\ \vdots & \vdots & & \vdots \\ a_{n1} & a_{n2} & \cdots & a_{nn} \end{vmatrix}$$

那么 D 等于下列两个行列式之和

$$D = \begin{vmatrix} a_{11} & a_{12} & \cdots & a_{1n} \\ a_{21} & a_{22} & \cdots & a_{2n} \\ \vdots & \vdots & & \vdots \\ a_{i1} & a_{i2} & \cdots & a_{in} \\ \vdots & \vdots & & \vdots \\ a_{n1} & a_{n2} & \cdots & a_{nn} \end{vmatrix} + \begin{vmatrix} a_{11} & a_{12} & \cdots & a_{1n} \\ a_{21} & a_{22} & \cdots & a_{2n} \\ \vdots & \vdots & & \vdots \\ b_{i1} & b_{i2} & \cdots & b_{in} \\ \vdots & \vdots & & \vdots \\ a_{n1} & a_{n2} & \cdots & a_{nn} \end{vmatrix}$$

(8) 如果行列式的某一行(列) 元素都乘以同一个数然后加到另一行(列) 对应的元素上去,行列式不变.

1.1.5 克莱姆法则

n 元线性方程组

$$\begin{cases} a_{11}x_1 + a_{12}x_2 + \cdots + a_{1n}x_n = b_1 \\ a_{21}x_1 + a_{22}x_2 + \cdots + a_{2n}x_n = b_2 \\ \qquad\qquad \vdots \\ a_{n1}x_1 + a_{n2}x_2 + \cdots + a_{nn}x_n = b_n \end{cases}$$

当其系数行列式

$$D = \begin{vmatrix} a_{11} & a_{12} & \cdots & a_{1n} \\ a_{21} & a_{22} & \cdots & a_{2n} \\ \vdots & \vdots & & \vdots \\ a_{n1} & a_{n2} & \cdots & a_{nn} \end{vmatrix} \neq 0$$

时有唯一解

$$x_1 = \frac{D_1}{D}, x_2 = \frac{D_2}{D}, \cdots, x_n = \frac{D_n}{D}$$

其中 D_j 是把系数行列式 D 中第 j 列的元素用方程组右端的常数项代替后所得到的 n 阶行列式,即

$$D_j = \begin{vmatrix} a_{11} & \cdots & a_{1,j-1} & b_1 & a_{1,j+1} & \cdots & a_{1n} \\ a_{21} & \cdots & a_{2,j-1} & b_2 & a_{2,j+1} & \cdots & a_{2n} \\ \vdots & & \vdots & \vdots & \vdots & & \vdots \\ a_{n1} & \cdots & a_{n,j-1} & b_n & a_{n,j+1} & \cdots & a_{nn} \end{vmatrix} \quad (j = 1,2,\cdots,n)$$

当 $b_1 = b_2 = \cdots = b_n = 0$ 时,对应的方程组称为齐次线性方程组.

请注意:(1) 克莱姆法则只适用于方程的个数与未知量的个数相等的线性方程组.

(2) n 元非齐次线性方程组, 当系数行列式 $D \neq 0$ 时有唯一解;当系数行列式 $D = 0$ 时,克莱姆法则失效,方程组可能有解也可能无解.

(3) n 元齐次线性方程组, 当系数行列式 $D \neq 0$ 时只有零解;当系数行列式 $D = 0$ 时有非零解.

1.2 典型题精解

本章的主要问题是行列式的计算问题. 行列式的计算方法如下:

(1) 直接利用行列式的定义计算.

(2) 利用行列式的性质将其化为三角形行列式来计算.

(3) 利用行列式的性质将其化为较低阶的行列式来计算.

(4) 利用行列式的性质将一个 n 阶行列式表示为具有相同结构的较低阶的行列式,然后根据此关系式递推求得所给的 n 阶行列式.

(5) 利用数学归纳法进行计算或证明.

(6) 利用已知行列式进行计算,其中最重要的已知行列式是范德蒙德行列式.

例 1 计算三对角行列式

$$D_n = \begin{vmatrix} \alpha+\beta & \alpha & 0 & \cdots & 0 & 0 \\ \beta & \alpha+\beta & \alpha & \cdots & 0 & 0 \\ 0 & \beta & \alpha+\beta & \cdots & 0 & 0 \\ \vdots & \vdots & \vdots & & \vdots & \vdots \\ 0 & 0 & 0 & \cdots & \alpha+\beta & \alpha \\ 0 & 0 & 0 & \cdots & \beta & \alpha+\beta \end{vmatrix} \quad (\alpha \neq \beta)$$

解 按第一列展开得到

$$D_n = (\alpha+\beta)\cdot \begin{vmatrix} \alpha+\beta & \alpha & \cdots & 0 & 0 \\ \beta & \alpha+\beta & \cdots & 0 & 0 \\ \vdots & \vdots & & \vdots & \vdots \\ 0 & 0 & \cdots & \alpha+\beta & \alpha \\ 0 & 0 & \cdots & \beta & \alpha+\beta \end{vmatrix} +$$

$$\beta\cdot(-1)^{2+1} \begin{vmatrix} \alpha & 0 & 0 & \cdots & 0 & 0 \\ \beta & \alpha+\beta & \alpha & \cdots & 0 & 0 \\ 0 & \beta & \alpha+\beta & \cdots & 0 & 0 \\ \vdots & \vdots & \vdots & & \vdots & \vdots \\ 0 & 0 & 0 & \cdots & \alpha+\beta & \alpha \\ 0 & 0 & 0 & \cdots & \beta & \alpha+\beta \end{vmatrix} =$$

$$(\alpha+\beta)D_{n-1} - \alpha\beta D_{n-2} \quad (n \geqslant 3)$$

可见

$$D_1 = \alpha + \beta = \frac{\alpha^2 - \beta^2}{\alpha - \beta}$$

$$D_2 = \begin{vmatrix} \alpha+\beta & \alpha \\ \beta & \alpha+\beta \end{vmatrix} = \alpha^2 + \alpha\beta + \beta^2 = \frac{\alpha^3 - \beta^3}{\alpha - \beta}$$

假设 $D_{n-1} = \dfrac{\alpha^n - \beta^n}{\alpha - \beta}$,则有

$$D_n = 5D_{n-1} - 6D_{n-2}D_{n-1} = (\alpha+\beta)\frac{\alpha^n - \beta^n}{\alpha - \beta} - \alpha\beta\frac{\alpha^{n-1} - \beta^{n-1}}{\alpha - \beta} =$$

$$\frac{\alpha^{n+1} - \beta^{n+1}}{\alpha - \beta}$$

由数学归纳法知

$$D_n = \frac{\alpha^{n+1} - \beta^{n+1}}{\alpha - \beta}$$

行列式

$$\begin{vmatrix} 5 & 2 & 0 & \cdots & 0 & 0 \\ 3 & 5 & 2 & \cdots & 0 & 0 \\ 0 & 3 & 5 & \cdots & 0 & 0 \\ \vdots & \vdots & \vdots & & \vdots & \vdots \\ 0 & 0 & 0 & \cdots & 5 & 2 \\ 0 & 0 & 0 & \cdots & 3 & 5 \end{vmatrix}$$

即是上述特例.

例 2 计算 $n+1$ 阶行列式

$$D_{n+1}=\begin{vmatrix} a_0 & b_1 & b_2 & \cdots & b_{n-1} & b_n \\ c_1 & a_1 & 0 & \cdots & 0 & 0 \\ c_2 & 0 & a_2 & \cdots & 0 & 0 \\ \vdots & \vdots & \vdots & & \vdots & \vdots \\ c_n & 0 & 0 & \cdots & 0 & a_n \end{vmatrix} \quad (a_i \neq 0, i=1,2,\cdots,n)$$

将第 $i+1(i=1,2,\cdots,n)$ 列的 $-\frac{c_i}{a_i}$ 倍加到第一列上,得到

$$D_{n+1}=\begin{vmatrix} a_0-\sum\limits_{i=1}^{n}\frac{b_ic_i}{a_i} & b_1 & b_2 & \cdots & b_{n-1} & b_n \\ 0 & a_1 & 0 & \cdots & 0 & 0 \\ 0 & 0 & a_2 & \cdots & 0 & 0 \\ \vdots & \vdots & \vdots & & \vdots & \vdots \\ 0 & 0 & 0 & \cdots & 0 & a_n \end{vmatrix}=$$

$$a_1a_2\cdots a_n\left(a_0-\sum_{i=1}^{n}\frac{b_ic_i}{a_i}\right)$$

形如

$$\begin{vmatrix} x_1 & a & a & \cdots & a \\ a & x_2 & a & \cdots & a \\ a & a & x_3 & \cdots & a \\ \vdots & \vdots & \vdots & & \vdots \\ a & a & a & \cdots & x_n \end{vmatrix}$$

及

$$\begin{vmatrix} 1+a_1 & 1 & \cdots & 1 \\ 1 & 1+a_2 & \cdots & 1 \\ \vdots & \vdots & & \vdots \\ 1 & 1 & \cdots & 1+a_n \end{vmatrix} \quad (a_1a_2\cdots a_n \neq 0)$$

的行列式通过简单变形,也可转化为具有上述特征的行列式.

1.3 同步题解析

1. (1)0,0 (2) -6 (3) ± 1, ± 2 (4) 3×2^n

2. CBAA

3. 用定义计算下列行列式

$$(1)\begin{vmatrix}1&2&3\\4&5&6\\7&8&9\end{vmatrix};(2)\begin{vmatrix}0&1&0&\cdots&0\\0&0&2&\cdots&0\\\vdots&\vdots&\vdots&&\vdots\\0&0&0&\cdots&n-1\\n&0&0&\cdots&0\end{vmatrix}.$$

(1) 根据三阶行列式的定义

$$原式 = 1\times(-1)^{1+1}\begin{vmatrix}5&6\\8&9\end{vmatrix}+2\times(-1)^{1+2}\begin{vmatrix}4&6\\7&9\end{vmatrix}+3\times(-1)^{1+3}\begin{vmatrix}4&5\\7&8\end{vmatrix}=$$

$$\begin{vmatrix}5&6\\8&9\end{vmatrix}-2\times\begin{vmatrix}4&6\\7&9\end{vmatrix}+3\begin{vmatrix}4&5\\7&8\end{vmatrix}=0$$

(2) 根据 n 阶行列式的定义

$$原式 = 1\times(-1)^{1+2}\begin{vmatrix}0&2&0&\cdots&0\\0&0&3&\cdots&0\\\vdots&\vdots&\vdots&&\vdots\\0&0&0&\cdots&n-1\\n&0&0&\cdots&0\end{vmatrix}=$$

$$(-1)\begin{vmatrix}0&2&0&\cdots&0\\0&0&3&\cdots&0\\\vdots&\vdots&\vdots&&\vdots\\0&0&0&\cdots&n-1\\n&0&0&\cdots&0\end{vmatrix}=(-1)(-2)\begin{vmatrix}0&3&0&\cdots&0\\0&0&4&\cdots&0\\\vdots&\vdots&\vdots&&\vdots\\0&0&0&\cdots&n-1\\n&0&0&\cdots&0\end{vmatrix}=\cdots=$$

$$(-1)^{n-1}\cdot n!$$

4.(1) 可得

$$\begin{vmatrix}a&b&c\\a^2&b^2&c^2\\b+c&c+a&a+b\end{vmatrix}=\begin{vmatrix}a&b&c\\a^2&b^2&c^2\\a+b+c&a+b+c&a+b+c\end{vmatrix}=$$

$$(a+b+c)\begin{vmatrix}a&b&c\\a^2&b^2&c^2\\1&1&1\end{vmatrix}=(a+b+c)\begin{vmatrix}1&1&1\\a&b&c\\a^2&b^2&c^2\end{vmatrix}=$$

$$(a+b+c)(b-a)(c-a)(c-b)$$

(2) 可得

$$\begin{vmatrix}1&1&1&1\\1+a_1&1+a_2&1+a_3&1+a_4\\a_1+a_1^2&a_2+a_2^2&a_3+a_3^2&a_4+a_4^2\\a_1^2+a_1^3&a_2^2+a_2^3&a_3^2+a_3^3&a_4^2+a_4^3\end{vmatrix}=$$

$$\begin{vmatrix} 1 & 1 & 1 & 1 \\ a_1 & a_2 & a_3 & a_4 \\ a_1+a_1^2 & a_2+a_2^2 & a_3+a_3^2 & a_4+a_4^2 \\ a_1^2+a_1^3 & a_2^2+a_2^3 & a_3^2+a_3^3 & a_4^2+a_4^3 \end{vmatrix} =$$

$$\begin{vmatrix} 1 & 1 & 1 & 1 \\ a_1 & a_2 & a_3 & a_4 \\ a_1^2 & a_2^2 & a_3^2 & a_4^2 \\ a_1^2+a_1^3 & a_2^2+a_2^3 & a_3^2+a_3^3 & a_4^2+a_4^3 \end{vmatrix} =$$

$$\begin{vmatrix} 1 & 1 & 1 & 1 \\ a_1 & a_2 & a_3 & a_4 \\ a_1^2 & a_2^2 & a_3^2 & a_4^2 \\ a_1^3 & a_2^3 & a_3^3 & a_4^3 \end{vmatrix} = \prod_{4\geqslant i>j\geqslant 1}(a_i-a_j)$$

5.(1) 由已知,有

$$\begin{vmatrix} 1 & a^2 & a^3 \\ 1 & b^2 & b^3 \\ 1 & c^2 & c^3 \end{vmatrix} = \begin{vmatrix} 1 & 0 & 0 \\ 1 & b^2-a^2 & b^2(b-a) \\ 1 & c^2-a^2 & c^2(c-a) \end{vmatrix} =$$

$$(b-a)(c-a)\begin{vmatrix} 1 & 0 & 0 \\ 1 & b+a & b^2 \\ 1 & c+a & c^2 \end{vmatrix} =$$

$$(b-a)(c-a)\begin{vmatrix} b+a & b^2 \\ c+a & c^2 \end{vmatrix} =$$

$$(b-a)(c-a)(c-b)(ab+bc+ac) =$$

$$(ab+bc+ca)\begin{vmatrix} 1 & a & a^2 \\ 1 & b & b^2 \\ 1 & c & c^2 \end{vmatrix}$$

(2) 由已知有

$$\begin{vmatrix} 1+x & 1 & 1 & 1 \\ 1 & 1-x & 1 & 1 \\ 1 & 1 & 1+y & 1 \\ 1 & 1 & 1 & 1-y \end{vmatrix} = \begin{vmatrix} 1 & 1 & 1 & 1 \\ 1 & 1-x & 1 & 1 \\ 1 & 1 & 1+y & 1 \\ 1 & 1 & 1 & 1-y \end{vmatrix} +$$

$$\begin{vmatrix} x & 1 & 1 & 1 \\ 0 & 1-x & 1 & 1 \\ 0 & 1 & 1+y & 1 \\ 0 & 1 & 1 & 1-y \end{vmatrix} =$$

$$\begin{vmatrix} 1 & 1 & 1 & 1 \\ 0 & -x & 0 & 0 \\ 0 & 0 & y & 0 \\ 0 & 0 & 0 & 0-y \end{vmatrix} + x\begin{vmatrix} 1-x & 1 & 1 \\ 1 & 1+y & 1 \\ 1 & 1 & 1-y \end{vmatrix} =$$

$$xy^2 + x\begin{vmatrix} 1-x & 1 & 1 \\ 1 & 1+y & 1 \\ 1 & 1 & 1-y \end{vmatrix}$$

同理

$$\begin{vmatrix} 1-x & 1 & 1 \\ 1 & 1+y & 1 \\ 1 & 1 & 1-y \end{vmatrix} = -y^2 - x\begin{vmatrix} 1+y & 1 \\ 1 & 1-y \end{vmatrix} = -y^2 + xy^2$$

于是
$$原式 = x^2y^2$$

6.(1) 可得

$$D_n = [3+(n-1)]\begin{vmatrix} 1 & 1 & 1 & \cdots & 1 \\ 1 & 3 & 1 & \cdots & 1 \\ 1 & 1 & 3 & \cdots & 1 \\ \vdots & \vdots & \vdots & & \vdots \\ 1 & 1 & 1 & \cdots & 3 \end{vmatrix} =$$

$$(n+2)\begin{vmatrix} 1 & 1 & 1 & \cdots & 1 \\ 0 & 2 & 0 & \cdots & 0 \\ 0 & 0 & 2 & \cdots & 0 \\ \vdots & \vdots & \vdots & & \vdots \\ 0 & 0 & 0 & \cdots & 2 \end{vmatrix} = 2^{n-1}\cdot(n+2)$$

(2) 可得

$$D_n = [x+(n-1)a]\begin{vmatrix} 1 & 1 & 1 & \cdots & 1 \\ a & x & a & \cdots & a \\ a & a & x & \cdots & a \\ \vdots & \vdots & \vdots & & \vdots \\ a & a & a & \cdots & x \end{vmatrix} =$$

$$[x+(n-1)a]\begin{vmatrix} 1 & 1 & 1 & \cdots & 1 \\ 0 & x-a & 0 & \cdots & 0 \\ 0 & 0 & x-a & \cdots & 0 \\ \vdots & \vdots & \vdots & & \vdots \\ 0 & 0 & 0 & \cdots & x-a \end{vmatrix} =$$

$$(x-a)^{n-1}[x+(n-1)a]$$

(3) 按第一列展开得到

$$D_n=5\cdot\begin{vmatrix}5&2&\cdots&0&0\\3&5&\cdots&0&0\\\vdots&\vdots&&\vdots&\vdots\\0&0&\cdots&5&2\\0&0&\cdots&3&5\end{vmatrix}+3\cdot(-1)^{2+1}\begin{vmatrix}2&0&\cdots&0&0\\3&5&\cdots&0&0\\\vdots&\vdots&&\vdots&\vdots\\0&0&\cdots&5&2\\0&0&\cdots&3&5\end{vmatrix}=$$

$$5D_{n-1}-6D_{n-2}\quad(n\geqslant 3)$$

记

$$\alpha=2,\beta=3$$

则

$$D_1=5=\alpha+\beta=\frac{\alpha^2-\beta^2}{\alpha-\beta}$$

$$D_2=\begin{vmatrix}5&2\\3&5\end{vmatrix}=\begin{vmatrix}\alpha+\beta&\alpha\\\beta&\alpha+\beta\end{vmatrix}=\alpha^2+\alpha\beta+\beta^2=\frac{\alpha^3-\beta^3}{\alpha-\beta}$$

假设 $D_{n-1}=\dfrac{\alpha^n-\beta^n}{\alpha-\beta}$,则有

$$D_n=5D_{n-1}-6D_{n-2}D_{n-1}=(\alpha+\beta)\frac{\alpha^n-\beta^n}{\alpha-\beta}-\alpha\beta\frac{\alpha^{n-1}-\beta^{n-1}}{\alpha-\beta}=\frac{\alpha^{n+1}-\beta^{n+1}}{\alpha-\beta}$$

由数学归纳法知

$$D_n=\frac{\alpha^{n+1}-\beta^{n+1}}{\alpha-\beta}=3^{n+1}-2^{n+1}$$

(4) 可得

$$D_n=\begin{vmatrix}1&1&1&\cdots&1\\0&1+a_1&1&\cdots&1\\0&1&1+a_2&\cdots&1\\\vdots&\vdots&\vdots&&\vdots\\0&1&1&\cdots&1+a_n\end{vmatrix}=\begin{vmatrix}1&1&1&\cdots&1\\-1&a_1&0&\cdots&0\\-1&0&a_2&\cdots&0\\\vdots&\vdots&\vdots&&\vdots\\-1&0&0&\cdots&a_n\end{vmatrix}=$$

$$\begin{vmatrix}1+\sum\limits_{i=1}^{n}\dfrac{1}{a_i}&1&1&\cdots&1\\0&a_1&0&\cdots&0\\0&0&a_2&\cdots&0\\\vdots&\vdots&\vdots&&\vdots\\0&0&0&\cdots&a_n\end{vmatrix}=a_1a_2\cdots a_n\left(1+\sum_{i=1}^{n}\frac{1}{a_i}\right)$$

7. 用克拉姆法则解线性方程组

$$\begin{cases}x_1+x_2+x_3+x_4=5\\x_1+2x_2-x_3+4x_4=-2\\2x_1-3x_2-x_3-5x_4=5\\3x_1+x_2+2x_3+11x_4=0\end{cases}$$

解:此线性方程组的系数行列式为

$$D=\begin{vmatrix}1&1&1&1\\1&2&-1&4\\2&-3&-1&-5\\3&1&2&11\end{vmatrix}=\begin{vmatrix}1&1&1&1\\0&1&-2&3\\0&-5&-3&-7\\0&-2&-1&8\end{vmatrix}=$$

$$\begin{vmatrix}1&1&1&1\\0&1&-2&3\\0&0&-13&8\\0&0&-5&14\end{vmatrix}=-142\neq 0$$

故此线性方程组有唯一解.

类似地,可求得

$$D_1=\begin{vmatrix}5&1&1&1\\-2&2&-1&4\\5&-3&-1&-5\\0&1&2&11\end{vmatrix}=-142$$

$$D_2=\begin{vmatrix}1&5&1&1\\1&-2&-1&4\\2&5&-1&-5\\3&0&2&11\end{vmatrix}=-284$$

$$D_3=\begin{vmatrix}1&1&5&1\\1&2&-2&4\\2&-3&5&-5\\3&1&0&11\end{vmatrix}=-426$$

$$D_4=\begin{vmatrix}1&1&1&5\\1&2&-1&-2\\2&-3&-1&5\\3&1&2&0\end{vmatrix}=142$$

于是得到 $x_1=1,x_2=2,x_3=3,x_4=-1$.

8.问 λ 满足怎样的条件时,齐次线性方程组

$$\begin{cases}(1-\lambda)x_1-2x_2+4x_3=0\\2x_1+(3-\lambda)x_2+x_3=0\\x_1+x_2+(1-\lambda)x_3=0\end{cases}$$

只有零解.

解:若齐次线性方程组的系数行列式 $D\neq 0$,那么它只有零解. 而

$$D=\begin{vmatrix}1-\lambda&-2&4\\2&3-\lambda&1\\1&1&1-\lambda\end{vmatrix}=\begin{vmatrix}1&1&1-\lambda\\2&3-\lambda&1\\1-\lambda&-2&4\end{vmatrix}=$$

$$\begin{vmatrix} 1 & 1 & 1-\lambda \\ 0 & 1-\lambda & -1+2\lambda \\ 0 & \lambda-3 & (3-\lambda)(\lambda+1) \end{vmatrix} = \lambda(\lambda-2)(\lambda-3)$$

由 $D \neq 0$ 得到 $\lambda \neq 0,2,3$.

故 $\lambda \neq 0,2,3$ 时,所给齐次线性方程组只有零解.

1.4 验收测试题

一、填空题

1.方程 $\begin{vmatrix} 1 & 1 & 1 \\ 1 & 2 & x \\ 1 & x & 6 \end{vmatrix} = 1$ 的根为________.

2.行列式 $D = \begin{vmatrix} 1 & 2 & 3 & 4 \\ 2 & 3 & 4 & 1 \\ 3 & 4 & 1 & 2 \\ 4 & 1 & 2 & 3 \end{vmatrix} =$ ________.

3.设行列式 $D = \begin{vmatrix} 1 & 2 & 5 & 5 \\ 1 & 1 & 1 & 1 \\ 1 & 5 & 3 & 7 \\ 5 & 3 & -2 & 2 \end{vmatrix}$,则 $A_{11} + A_{12} + A_{13} + A_{14} =$ ________,其中 A_{1j} 为元素 $a_{1j}(j = 1,2,3,4)$ 的代数余子式.

4.已知 $\begin{vmatrix} a_{11} & a_{12} & a_{13} \\ a_{21} & a_{22} & a_{23} \\ a_{31} & a_{32} & a_{33} \end{vmatrix} = 1$,则 $\begin{vmatrix} 4a_{11} & 2a_{12}-3a_{11} & -a_{13} \\ 4a_{21} & 2a_{22}-3a_{21} & -a_{23} \\ 4a_{31} & 2a_{32}-3a_{31} & -a_{33} \end{vmatrix} =$ ________.

5.已知齐次线性方程组 $\begin{cases} \lambda x_1 + x_2 + x_3 = 0 \\ x_1 + \lambda x_2 + x_3 = 0 \\ x_1 + x_2 + x_3 = 0 \end{cases}$ 有非零解,则 $\lambda =$ ________.

二、单项选择题

1.设 α,β 是方程 $x^2 + px + q = 0$ 的两个根,则行列式 $\begin{vmatrix} \alpha & 0 & \beta \\ \beta & \alpha & 0 \\ 0 & \beta & \alpha \end{vmatrix} = ($　　$)$.

A.0　　B.p　　C.$p(p^2 - 3q)$　　D.$p(3q - p^2)$

2.$\begin{vmatrix} 1 & 1 & 1 \\ a & b & c \\ a^3 & b^3 & c^3 \end{vmatrix} = 0$($a,b,c$ 是互异的实数)的充要条件是(　　).

A.$a + b + c = 1$　　B.$abc = 1$

C.$a + b + c = 0$　　D.$abc = 0$

三、计算下列行列式

1. $\begin{vmatrix} 1 & 2 & 3 & 4 \\ 2 & 2 & 0 & 0 \\ 3 & 0 & 3 & 0 \\ 4 & 0 & 0 & 4 \end{vmatrix}$;

2. $\begin{vmatrix} a^2 & (a-1)^2 & (a-2)^2 & (a-3)^2 \\ b^2 & (b-1)^2 & (b-2)^2 & (b-3)^2 \\ c^2 & (c-1)^2 & (c-2)^2 & (c-3)^2 \\ d^2 & (d-1)^2 & (d-2)^2 & (d-3)^2 \end{vmatrix}$.

四、计算下列 n 阶行列式

1. $D_n = \begin{vmatrix} -a_1 & a_1 & 0 & \cdots & 0 & 0 \\ 0 & -a_2 & a_2 & \cdots & 0 & 0 \\ \vdots & \vdots & \vdots & & \vdots & \vdots \\ 0 & 0 & 0 & \cdots & -a_{n-1} & a_{n-1} \\ 1 & 1 & 1 & \cdots & 1 & 1 \end{vmatrix}$;

2. $D_n = \begin{vmatrix} x_1+1 & x_1+2 & \cdots & x_1+n \\ x_2+1 & x_2+2 & \cdots & x_2+n \\ \vdots & \vdots & & \vdots \\ x_n+1 & x_n+2 & \cdots & x_n+n \end{vmatrix} (n \geqslant 2)$.

五、设 $f(x) = \begin{vmatrix} x & x^2 & x^3 \\ 1 & 2x & 3x^2 \\ 0 & 2 & 6x \end{vmatrix}$，求 $f'(x)$.

六、证明 $\begin{pmatrix} x & 0 & 0 & \cdots & 0 & a_0 \\ -1 & x & 0 & \cdots & 0 & a_1 \\ 0 & -1 & x & \cdots & 0 & a_2 \\ \vdots & \vdots & \vdots & & \vdots & \vdots \\ 0 & 0 & 0 & \cdots & x & a_{n-2} \\ 0 & 0 & 0 & \cdots & -1 & a_{n-1} \end{pmatrix} = x^n + a_{n-1}x^{n-1} + \cdots + a_1 x - a_0$.

1.5 验收测试题答案

一、1. 3 或 -1； 2. 160； 3. 0； 4. -8； 5. 1.

二、DC

三、1. -192；2. 0.

四、1. $(-1)^{n-1} n a_1 a_2 \cdots a_{n-1}$.

2. 当 $n > 2$ 时，$D_n = 0$；当 $n = 2$ 时，$D_2 = x_1 - x_2$.

五、$f'(x) = 6x^2$.

六、证明略.

第 2 章 矩阵

2.1 内容提要

2.1.1 矩阵

由 $m \times n$ 个 $a_{ij}(i=1,2,\cdots,m;j=1,2,\cdots,n)$ 排成的 m 行 n 列数表

$$\begin{pmatrix} a_{11} & a_{12} & \cdots & a_{1n} \\ a_{21} & a_{22} & \cdots & a_{2n} \\ \vdots & \vdots & & \vdots \\ a_{m1} & a_{m2} & \cdots & a_{mn} \end{pmatrix}$$

称为 $m \times n$ 阶矩阵. 矩阵一般用大写黑体字母 $\boldsymbol{A},\boldsymbol{B}$ 等表示. 也可以记成(a_{ij}),$(a_{ij})_{m\times n}$或 $\boldsymbol{A}_{m\times n}$ 等. 其中 a_{ij} 为矩阵的第 i 行第 j 列元素,i 称为行标,$i=1,2,\cdots,m$,j 称为列标,$j=1,2,\cdots,n$.

2.1.2 矩阵的加法运算规律

设 $\boldsymbol{A},\boldsymbol{B},\boldsymbol{C}$ 都是 $m \times n$ 矩阵:

(1)$\boldsymbol{A}+\boldsymbol{B}=\boldsymbol{B}+\boldsymbol{A}$;

(2)$(\boldsymbol{A}+\boldsymbol{B})+\boldsymbol{C}=\boldsymbol{A}+(\boldsymbol{B}+\boldsymbol{C})$;

(3)$\boldsymbol{A}+\boldsymbol{0}=\boldsymbol{A}$;

(4)$\boldsymbol{A}=(a_{ij})_{m\times n}$,记 $-\boldsymbol{A}=(-a_{ij})_{m\times n}$,称 $-\boldsymbol{A}$ 为 $\boldsymbol{A}$ 的负矩阵.

2.1.3 数乘矩阵的运算

(1)$\lambda(\mu\boldsymbol{A})=(\lambda\mu)\boldsymbol{A}$;

(2)$(\lambda+\mu)\boldsymbol{A}=\lambda\boldsymbol{A}+\mu\boldsymbol{A}$;

(3)$\lambda(\boldsymbol{A}+\boldsymbol{B})=\lambda\boldsymbol{A}+\lambda\boldsymbol{B}$.

其中,λ,μ 为任意数,$\boldsymbol{A},\boldsymbol{B}$ 为同阶矩阵.

矩阵加法运算和数乘运算统称为矩阵的线性运算.

2.1.4 矩阵的乘法运算规律

假设运算都是可行的,则:

(1)$(AB)C = A(BC)$;

(2)$A(B + C) = AB + AC, (B + C)A = BA + CA$;

(3)$\lambda(AB) = (\lambda A)B = A(\lambda B)$(其中 λ 为数).

矩阵乘法一般不满足交换律,即 $AB \neq BA$,且虽然 $A \neq 0, B \neq 0$,但乘积 AB 却可能是零矩阵,这是矩阵乘法的又一特点.因此,不能从 $AB = AC$ 推出 $B = C$ 的结论,即矩阵乘法消去律一般不成立.当 $AB = BA$ 时,称矩阵 A, B 可交换.

2.1.5 矩阵转置的运算性质

假设运算都是可行的,则:

(1) $(A^{T})^{T} = A$;

(2) $(A + B)^{T} = A^{T} + B^{T}$;

(3) $(\lambda A)^{T} = \lambda A^{T}$;($\lambda$ 为任意实数)

(4) $(AB)^{T} = B^{T}A^{T}$.

2.1.6 方阵的行列式运算的性质

(1)$|A^{T}| = |A|$;

(2)$|\lambda A| = \lambda^{n}|A|$;

(3)$|AB| = |A||B|$(A, B 是同阶方阵).

其中,A, B 是 n 阶矩阵,λ 为数.

2.1.7 逆矩阵的概念

设 A 是 n 阶矩阵,如果有 n 阶矩阵 B,使 $AB = BA = E$,则称 A 是可逆的,且称 B 为 A 的逆矩阵,记为 A^{-1}.

设 A 是 n 阶矩阵,由行列式 $|A|$ 的各元素的代数余子式 A_{ij} 所构成的矩阵

$$A^{*} = \begin{pmatrix} A_{11} & A_{21} & \cdots & A_{n1} \\ A_{12} & A_{22} & \cdots & A_{n2} \\ \vdots & \vdots & & \vdots \\ A_{1n} & A_{2n} & \cdots & A_{nn} \end{pmatrix}$$

称为矩阵 A 的伴随矩阵.

2.1.8 伴随矩阵的性质

设 A 是 n 阶矩阵,A^{*} 是矩阵 A 的伴随矩阵,则:

(1)$AA^{*} = A^{*}A = |A|E$;

(2) $(A^{*})^{l} = (A^{l})^{*}$;

(3) $(aA)^{*} = a^{n-1}A^{*}$;

(4) $|A^*| = |A|^{n-1}$;

(5) $(A^*)^* = |A|^{n-2}A$;

(6) $(AB)^* = B^*A^*$.

n 阶方阵 A 可逆的充分必要条件是 A 为非奇异矩阵,且 $A^{-1} = \frac{1}{|A|}A^*$,其中 A^* 是 A 的伴随矩阵.

2.1.9 逆矩阵的性质

(1) 若 A 可逆,则 A^{-1} 也可逆,且 $(A^{-1})^{-1} = A$;

(2) 若 A 可逆,数 $\lambda \neq 0$,则 λA 也可逆,且 $(\lambda A)^{-1} = \frac{1}{\lambda}A^{-1}$;

(3) 设 A,B 为同阶可逆矩阵, 则 AB 也可逆,且 $(AB)^{-1} = B^{-1}A^{-1}$;

(4) 若 A 可逆,则 A^{T} 也可逆,且 $(A^{\mathrm{T}})^{-1} = (A^{-1})^{\mathrm{T}}$;

(5) 若 A 可逆,$A^* = |A|A^{-1}$,且 A^* 亦可逆,其逆为 $(A^*)^{-1} = (A^{-1})^* = |A|^{-1}A$.

2.1.10 矩阵的初等变换

下述三种变换称为矩阵的初等行变换:

(1) 对调两行(交换 i,j 两行,记作 $r_i \leftrightarrow r_j$);

(2) 以非零数 k 乘某行的所有元素(第 i 行乘 k 记作 $r_i \times k$);

(3) 把某一行的所有元素的 k 倍加到另一行对应的元素上去(第 j 行的 k 倍加到第 i 行上,记作 $r_i + kr_j$).

把上述的"行"换成"列"即为初等列变换的定义(所用记号把 r 换成 c).

矩阵的初等行变换和初等列变换统称初等变换.

等价矩阵 如果矩阵 A 经有限次初等变换变成矩阵 B,就称矩阵 A,B 等价.记为 $A \sim B$.

矩阵等价关系满足以下性质:

(1) 反身性:$A \sim A$;

(2) 对称性:若 $A \sim B$,则 $B \sim A$;

(3) 传递性:若 $A \sim B, B \sim C$,则 $A \sim C$.

初等矩阵 由单位矩阵 E 经一次初等变换得到的矩阵称为初等矩阵.

三种初等变换对应着三种初等矩阵.

(1) 把单位矩阵中第 i 行与第 j 行对调($r_i \leftrightarrow r_j$),得初等矩阵.

用 $E_m(i,j)$ 左乘 $A = (a_{ij})_{m\times n}$,其结果相当于对 A 施行第一种初等行变换;

用 $E_n(i,j)$ 右乘 $A = (a_{ij})_{m\times n}$,其结果相当于对 A 施行第一种初等列变换.

(2) 以数 $k \neq 0$ 乘单位阵的第 i 行($k \times r_i$),得初等矩阵.

用 $E_m(i(k))$ 左乘 $A = (a_{ij})_{m\times n}$,其结果相当于对 A 施行第二种初等行变换;

用 $E_n(i(k))$ 右乘 $A = (a_{ij})_{m\times n}$,其结果相当于对 A 施行第二种初等列变换.

(3) 以数 k 乘单位阵的第 j 行加到第 i 行上($r_i + kr_j$),得初等矩阵.

用 $E_m(i,j(k))$ 左乘 $A = (a_{ij})_{m\times n}$,其结果相当于对 A 施行第三种初等行变换;

用 $\boldsymbol{E}_n(i,j(k))$ 右乘 $\boldsymbol{A}=(a_{ij})_{m\times n}$，其结果相当于对 $\boldsymbol{A}$ 施行第三种初等列变换.

2.1.11 利用初等变换求逆矩阵

设 $\boldsymbol{A}$ 为 n 阶矩阵，则 $\boldsymbol{A}$ 是可逆矩阵的充分必要条件是存在有限个初等矩阵 $\boldsymbol{P}_1$, $\boldsymbol{P}_2,\cdots,\boldsymbol{P}_k$，使 $\boldsymbol{A}=\boldsymbol{P}_1\boldsymbol{P}_2\cdots\boldsymbol{P}_k$.

推论1 方阵 $\boldsymbol{A}$ 可逆的充分必要条件是 $\boldsymbol{A}\overset{r}{\sim}\boldsymbol{E}$.

推论2 $m\times n$ 矩阵 $\boldsymbol{A}\sim\boldsymbol{B}$（$\boldsymbol{A}$ 与 $\boldsymbol{B}$ 等价）的充要条件是存在 m 阶可逆矩阵 $\boldsymbol{P}$ 和 n 阶可逆矩阵 $\boldsymbol{Q}$，使 $\boldsymbol{PAQ}=\boldsymbol{B}$.

利用初等行变换求逆矩阵（设 $\boldsymbol{A}$ 为可逆矩阵）

$$(\boldsymbol{A}\mid\boldsymbol{E})\overset{r}{\sim}(\boldsymbol{E}\mid\boldsymbol{A}^{-1})$$

方法：在通过行初等变换把可逆矩阵 $\boldsymbol{A}$ 化为单位矩阵 $\boldsymbol{E}$ 时，对单位矩阵 $\boldsymbol{E}$ 施行同样的初等变换，就得到 $\boldsymbol{A}$ 的逆矩阵 $\boldsymbol{A}^{-1}$.

2.1.12 矩阵秩的概念

矩阵的 k 阶子式 在矩阵 $\boldsymbol{A}$ 中任取 k 行 k 列，位于这些行与列相交处的元素按照原来相应位置构成的 k 阶行列式，叫做 $\boldsymbol{A}$ 的 k 阶子式. $m\times n$ 矩阵 $\boldsymbol{A}$ 的 k 阶子式共 $C_m^k\cdot C_n^k$ 个.

矩阵的秩 如果矩阵 $\boldsymbol{A}$ 中有一个 r 阶子式 $D\neq 0$，且所有的 $r+1$ 阶子式（如果存在的话）都等于0，则称 D 为 $\boldsymbol{A}$ 的一个最高阶非零子式. 数 r 称为矩阵 $\boldsymbol{A}$ 的秩，矩阵 $\boldsymbol{A}$ 的秩记成 $R(\boldsymbol{A})$. 零矩阵的秩规定为 0. 若 $\boldsymbol{A}=(a_{ij})_{n\times n}$, $R(\boldsymbol{A})=n$，则称 $\boldsymbol{A}$ 为满秩矩阵，若 $R(\boldsymbol{A})<n$，则称 $\boldsymbol{A}$ 为降秩矩阵（奇异矩阵）.

矩阵的秩的性质：

(1) $0\leqslant R(\boldsymbol{A}_{m\times n})\leqslant\min\{m,n\}$;

(2) $R(\boldsymbol{A}^{\mathrm{T}})=R(\boldsymbol{A})$;

(3) 若 $\boldsymbol{A}\sim\boldsymbol{B}$，则 $R(\boldsymbol{A})=R(\boldsymbol{B})$;

(4) 若 $\boldsymbol{P},\boldsymbol{Q}$ 可逆，则 $R(\boldsymbol{PAQ})=R(\boldsymbol{A})$;

(5) $\max\{R(\boldsymbol{A}),R(\boldsymbol{B})\}\leqslant R(\boldsymbol{A},\boldsymbol{B})\leqslant R(\boldsymbol{A})+R(\boldsymbol{B})$;

(6) $R(\boldsymbol{A}+\boldsymbol{B})\leqslant R(\boldsymbol{A})+R(\boldsymbol{B})$;

(7) $R(\boldsymbol{AB})\leqslant\min\{R(\boldsymbol{A}),R(\boldsymbol{B})\}$.

2.1.13 利用初等变换求矩阵的秩

用初等变换可把矩阵 $\boldsymbol{A}$ 化成行阶梯形矩阵 $\boldsymbol{B}$（行阶梯形矩阵特点：可画一条阶梯线，线下方元素全是0；每个台阶只有一行，台阶数即非零行的行数；阶梯线竖线后面第一个元素为非零元）.

设矩阵 $\boldsymbol{A}$ 经过有限次初等变换化成阶梯形矩阵 $\boldsymbol{B}$，则 $R(\boldsymbol{A})=R(\boldsymbol{B})$.

2.1.14 线性方程组的解

1. 线性方程组解的情况

设 n 元非齐次线性方程组

$$\boldsymbol{Ax}=\boldsymbol{b} \tag{2.1}$$

(1) 方程组(2.1)无解的充分必要条件是 $R(\boldsymbol{A})\neq R(\boldsymbol{B})$；

(2) 方程组(2.1)有唯一解的充分必要条件是 $R(\boldsymbol{A})=R(\boldsymbol{B})=n$；

(3) 方程组(2.1)有无限多解的充分必要条件是 $R(\boldsymbol{A})=R(\boldsymbol{B})<n$.

2. 解 n 元非齐次线性方程组 $\boldsymbol{Ax}=\boldsymbol{b}$ 的步骤

(1) 化 $\boldsymbol{B}$ 为行阶梯形，可同时看出 $R(\boldsymbol{A})$ 和 $R(\boldsymbol{B})$. 若 $R(\boldsymbol{A})\neq R(\boldsymbol{B})$，则方程组无解；

(2) 若 $R(\boldsymbol{A})=R(\boldsymbol{B})=n$，则方程组有唯一解；

设 $R(\boldsymbol{A})=R(\boldsymbol{B})=r<n$，取行最简形中 r 个非零行的第一个非零元所对应的未知数为非自由未知数，其余 $n-r$ 个则为自由未知数设为 $c_1,\cdots,c_{n-r}$，写出通解.

n 元齐次线性方程组 $\boldsymbol{Ax}=\boldsymbol{0}$ 有非零解的充分必要条件是系数矩阵 $\boldsymbol{A}$ 的秩 $R(\boldsymbol{A})<n$.

3. 齐次线性方程组相关结论

(1) 方程组仅有零解的充分必要条件是 $R(\boldsymbol{A})=n$；

(2) 方程组有非零解的充分必要条件是 $R(\boldsymbol{A})<n$；

(3) 当齐次线性方程组中未知量的个数大于方程个数时，必有 $R(\boldsymbol{A})<n$，这时齐次线性方程组一定有非零解.

4. 齐次方程组求解方法

用矩阵初等行变换将系数矩阵化成行阶梯形矩阵，根据系数矩阵的秩可判断原方程组是否有非零解. 若有非零解，继续将行阶梯形矩阵化为行最简形矩阵，则可求出方程组的全部解(即通解).

2.1.15 分块矩阵

将 $\boldsymbol{A}$ 用若干条横线和纵线分成许多个小矩阵($\boldsymbol{A}$ 的子块)，以子块为元素的矩阵称为分块矩阵.

2.2 典型题精解

2.2.1 矩阵的表示

例1 矩阵 $\begin{pmatrix}1&0\\0&0\end{pmatrix}$ 所对应的线性变换 $\begin{cases}x_1=x\\y_1=0\end{cases}$，可看做是 xOy 平面上把向量 $\overrightarrow{OP}=\begin{pmatrix}x\\y\end{pmatrix}$ 变为向量 $\overrightarrow{OP_1}=\begin{pmatrix}x_1\\y_1\end{pmatrix}=\begin{pmatrix}x\\0\end{pmatrix}$ 的变换(或看做把点 P 变为点 P_1 的变换，)，由于向量 $\overrightarrow{OP_1}$ 是向量 $\overrightarrow{OP}$ 在 x 轴上的投影向量(即点 P_1 是点 P 在 x 轴上的投影)，因此这是一个投影变换.

2.2.2 矩阵加法、减法、数乘、乘积及方阵幂的运算

例2 设

$$A=\begin{pmatrix}1&2\\0&3\end{pmatrix},B=\begin{pmatrix}1&0\\0&4\end{pmatrix},C=\begin{pmatrix}1&1\\0&0\end{pmatrix}$$

则
$$AC=\begin{pmatrix}1&2\\0&3\end{pmatrix}\begin{pmatrix}1&1\\0&0\end{pmatrix}=\begin{pmatrix}1&1\\0&0\end{pmatrix}=\begin{pmatrix}1&0\\0&4\end{pmatrix}\begin{pmatrix}1&1\\0&0\end{pmatrix}=BC$$

但 $A\neq B$.

注:矩阵乘法一般不满足消去律,即不能从 $AC=BC$ 必然推出 $A=B$.

例3 设 $A=(1,0,4)$,$B=\begin{pmatrix}1\\1\\0\end{pmatrix}$. A 是一个 1×3 矩阵,B 是 3×1 矩阵,因此 AB 有意义,BA 也有意义,但

$$AB=(1,0,4)\begin{pmatrix}1\\1\\0\end{pmatrix}=1\times1+0\times1+4\times0=1$$

$$BA=\begin{pmatrix}1\\1\\0\end{pmatrix}(1,0,4)=\begin{pmatrix}1\times1&1\times0&1\times4\\1\times1&1\times0&1\times4\\0\times1&0\times0&0\times4\end{pmatrix}=\begin{pmatrix}1&0&4\\1&0&4\\0&0&0\end{pmatrix}$$

例4 设 $A=\begin{pmatrix}a_1&&&\\&a_2&&\\&&\ddots&\\&&&a_n\end{pmatrix}$,$B=\begin{pmatrix}b_1&&&\\&b_2&&\\&&\ddots&\\&&&b_n\end{pmatrix}$

(这种记法表示主对角线以外没有注明的元素均为零)则:

(1) $k\begin{pmatrix}a_1&&&\\&a_2&&\\&&\ddots&\\&&&a_n\end{pmatrix}=\begin{pmatrix}ka_1&&&\\&ka_2&&\\&&\ddots&\\&&&ka_n\end{pmatrix}$;

(2) $\begin{pmatrix}a_1&&&\\&a_2&&\\&&\ddots&\\&&&a_n\end{pmatrix}+\begin{pmatrix}b_1&&&\\&b_2&&\\&&\ddots&\\&&&b_n\end{pmatrix}=\begin{pmatrix}a_1+b_1&&&\\&a_2+b_2&&\\&&\ddots&\\&&&a_n+b_n\end{pmatrix}$;

(3) $\begin{pmatrix}a_1&&&\\&a_2&&\\&&\ddots&\\&&&a_n\end{pmatrix}\begin{pmatrix}b_1&&&\\&b_2&&\\&&\ddots&\\&&&b_n\end{pmatrix}=\begin{pmatrix}a_1b_1&&&\\&a_2b_2&&\\&&\ddots&\\&&&a_nb_n\end{pmatrix}$.

例5 某地区有四个工厂Ⅰ、Ⅱ、Ⅲ、Ⅳ,生产甲、乙、丙三种产品,矩阵 A 表示一年中

各工厂生产各种产品的数量，矩阵 $\boldsymbol{B}$ 表示各种产品的单位价格(元) 及单位利润(元),矩阵 $\boldsymbol{C}$ 表示各工厂的总收入及总利润,则有

$$\boldsymbol{A}=\begin{pmatrix} a_{11} & a_{12} & a_{13} \\ a_{21} & a_{22} & a_{23} \\ a_{31} & a_{32} & a_{33} \\ a_{41} & a_{42} & a_{43} \end{pmatrix}\begin{matrix} \text{I} \\ \text{II} \\ \text{III} \\ \text{IV} \end{matrix}$$

甲 乙 丙

$$\boldsymbol{B}=\begin{pmatrix} b_{11} & b_{12} \\ b_{21} & b_{22} \\ b_{31} & b_{32} \end{pmatrix}\begin{matrix} 甲 \\ 乙 \\ 丙 \end{matrix}$$

单位 单位

价格 利润

$$\boldsymbol{C}=\begin{pmatrix} c_{11} & c_{12} \\ c_{21} & c_{22} \\ c_{31} & c_{32} \\ c_{41} & c_{42} \end{pmatrix}\begin{matrix} \text{I} \\ \text{II} \\ \text{III} \\ \text{IV} \end{matrix}$$

总收入 总利润

其中,$a_{ik}(i=1,2,3,4;k=1,2,3)$ 是第 i 个工厂生产第 k 种产品的数量,b_{k1} 及 $b_{k2}(k=1,2,3)$ 分别是第 k 种产品的单位价格及单位利润,c_{i1} 及 $c_{i2}(i=1,2,3,4)$ 分别是第 i 个工厂生产三种产品的总收入及总利润. 则矩阵 $\boldsymbol{A},\boldsymbol{B},\boldsymbol{C}$ 的元素之间有下列关系

$$\begin{pmatrix} a_{11}b_{11}+a_{12}b_{21}+a_{13}b_{31} & a_{11}b_{12}+a_{12}b_{22}+a_{13}b_{32} \\ a_{21}b_{11}+a_{22}b_{21}+a_{23}b_{31} & a_{21}b_{12}+a_{22}b_{22}+a_{23}b_{32} \\ a_{31}b_{11}+a_{32}b_{21}+a_{33}b_{31} & a_{31}b_{12}+a_{32}b_{22}+a_{33}b_{32} \\ a_{41}b_{11}+a_{42}b_{21}+a_{43}b_{31} & a_{41}b_{12}+a_{42}b_{22}+a_{43}b_{32} \end{pmatrix}=\begin{pmatrix} c_{11} & c_{12} \\ c_{21} & c_{22} \\ c_{31} & c_{32} \\ c_{41} & c_{42} \end{pmatrix}$$

总收入 总利润

其中 $c_{ij}=a_{i1}b_{1j}+a_{i2}b_{2j}+a_{i3}b_{3j}\ (i=1,2,3,4;j=1,2)$,即

$$\boldsymbol{C}=\boldsymbol{AB}$$

例 6 $\boldsymbol{A}=\begin{pmatrix} 1 & 0 & 1 \\ & 2 & 0 \\ & & 1 \end{pmatrix}$, 求 $\boldsymbol{A}^k(k=2,3,\cdots)$.

解法一 可得

$$\boldsymbol{A}^2=\begin{pmatrix} 1 & 0 & 1 \\ & 2 & 0 \\ & & 1 \end{pmatrix}\begin{pmatrix} 1 & 0 & 1 \\ & 2 & 0 \\ & & 1 \end{pmatrix}=\begin{pmatrix} 1 & 0 & 2 \\ & 2^2 & 0 \\ & & 1 \end{pmatrix}$$

$$\boldsymbol{A}^3=\boldsymbol{A}^2\boldsymbol{A}=\begin{pmatrix} 1 & 0 & 2 \\ & 2^2 & 0 \\ & & 1 \end{pmatrix}\begin{pmatrix} 1 & 0 & 1 \\ & 2 & 0 \\ & & 1 \end{pmatrix}=\begin{pmatrix} 1 & 0 & 3 \\ & 2^3 & 0 \\ & & 1 \end{pmatrix}$$

可以验证

$$A^k = \begin{pmatrix} 1 & 0 & k \\ & 2^k & 0 \\ & & 1 \end{pmatrix}$$

解法二 可得

$$A = \begin{pmatrix} 1 & 0 & 1 \\ & 2 & 0 \\ & & 1 \end{pmatrix} = \begin{pmatrix} 1 & & \\ & 2 & \\ & & 1 \end{pmatrix} + \begin{pmatrix} 0 & 0 & 1 \\ 0 & 0 & 0 \\ 0 & 0 & 0 \end{pmatrix} = B + C$$

$$BC = CB \Rightarrow (B + C)^k = B^k + kB^{k-1}C + \cdots + C^k$$

$$C^2 = O \Rightarrow A^k = (B + C)^k = B^k + kB^{k-1}C =$$

$$\begin{pmatrix} 1 & & \\ & 2^k & \\ & & 1 \end{pmatrix} + k\begin{pmatrix} 1 & & \\ & 2^{k-1} & \\ & & 1 \end{pmatrix}\begin{pmatrix} 0 & 0 & 1 \\ 0 & 0 & 0 \\ 0 & 0 & 0 \end{pmatrix} =$$

$$\begin{pmatrix} 1 & & \\ & 2^k & \\ & & 1 \end{pmatrix} + k\begin{pmatrix} 0 & 0 & 1 \\ 0 & 0 & 0 \\ 0 & 0 & 0 \end{pmatrix} = \begin{pmatrix} 1 & 0 & k \\ & 2^k & 0 \\ & & 1 \end{pmatrix}$$

2.2.3 方阵的行列式运算

例 7 设 $A = \begin{pmatrix} 1 & 0 & -1 \\ 2 & 1 & 0 \\ 3 & 2 & -1 \end{pmatrix}, B = \begin{pmatrix} -2 & 1 & 0 \\ 0 & 3 & 1 \\ 0 & 0 & 2 \end{pmatrix}$，则

$$AB = \begin{pmatrix} -2 & 1 & -2 \\ -4 & 5 & 1 \\ -6 & 9 & 0 \end{pmatrix}$$

$$|AB| = \begin{vmatrix} -2 & 1 & -2 \\ -4 & 5 & 1 \\ -6 & 9 & 0 \end{vmatrix} = 24$$

又

$$|A| = \begin{vmatrix} 1 & 0 & -1 \\ 2 & 1 & 0 \\ 3 & 2 & -1 \end{vmatrix} = -2$$

$$|B| = \begin{vmatrix} -2 & 1 & 0 \\ 0 & 3 & 1 \\ 0 & 0 & 2 \end{vmatrix} = -12$$

因此

$$|AB| = 24 = (-2)(-12) = |A||B|$$

2.2.4 方阵的逆运算

例 8 设 $\boldsymbol{A}=\begin{pmatrix}5&-1&0\\-2&3&1\\2&-1&6\end{pmatrix}$, $\boldsymbol{C}=\begin{pmatrix}2&1\\2&0\\3&5\end{pmatrix}$,满足 $\boldsymbol{AX}=\boldsymbol{C}+2\boldsymbol{X}$,求 $\boldsymbol{X}$.

解 并项

$$(\boldsymbol{A}-2\boldsymbol{E})\boldsymbol{X}=\boldsymbol{C}$$

计算

$$\boldsymbol{X}=(\boldsymbol{A}-2\boldsymbol{E})^{-1}\boldsymbol{C}=\frac{1}{5}\begin{pmatrix}5&4&-1\\10&12&-3\\0&1&1\end{pmatrix}\begin{pmatrix}2&1\\2&0\\3&5\end{pmatrix}=\begin{pmatrix}3&0\\7&-1\\1&1\end{pmatrix}$$

例 9 $\boldsymbol{A}=\begin{pmatrix}3&-1&0\\-2&1&1\\1&-1&4\end{pmatrix}$,求 $\boldsymbol{A}^{-1}$.

解 可得

$$\boldsymbol{A}^{-1}=\frac{1}{5}\boldsymbol{A}^{*}=\frac{1}{5}\begin{pmatrix}5&4&-1\\10&12&-3\\0&1&1\end{pmatrix}$$

例 10 $\boldsymbol{A}=\begin{pmatrix}1&2&3\\2&1&2\\1&3&4\end{pmatrix}$, 求 $\boldsymbol{A}^{-1}$.

解 可得

$$(\boldsymbol{A}\ \vdots\ \boldsymbol{E})=\left(\begin{array}{ccc:ccc}1&2&3&1&0&0\\2&1&2&0&1&0\\1&3&4&0&0&1\end{array}\right)\xrightarrow[r_3-r_1]{r_2-2r_1}\left(\begin{array}{ccc:ccc}1&2&3&1&0&0\\0&-3&-4&-2&1&0\\0&1&1&-1&0&1\end{array}\right)\xrightarrow{r_2\leftrightarrow r_3}$$

$$\left(\begin{array}{ccc:ccc}1&2&3&1&0&0\\0&1&1&-1&0&1\\0&-3&-4&-2&1&0\end{array}\right)\xrightarrow[r_3+3r_2]{r_1-2r_2}$$

$$\left(\begin{array}{ccc:ccc}1&0&1&3&0&-2\\0&1&1&-1&0&1\\0&0&-1&-5&1&3\end{array}\right)\xrightarrow[r_2+r_3]{r_1+r_3}$$

$$\left(\begin{array}{ccc:ccc}1&0&0&-2&1&1\\0&1&0&-6&1&4\\0&0&-1&-5&1&3\end{array}\right)\xrightarrow{-\gamma_3}\left(\begin{array}{ccc:ccc}1&0&0&-2&1&1\\0&1&0&-6&1&4\\0&0&1&5&-1&-3\end{array}\right)$$

故

$$\boldsymbol{A}^{-1}=\begin{pmatrix}-2&1&1\\-6&1&4\\5&-1&-3\end{pmatrix}$$

例 11 密码问题

$$a \to 1,\ b \to 2, c \to 3,\ \cdots, z \to 26$$

加密矩阵

$$A = \begin{pmatrix} 1 & 2 & 3 \\ 1 & 1 & 2 \\ 0 & 1 & 2 \end{pmatrix}$$

解密矩阵

$$A^{-1} = \begin{pmatrix} 0 & 1 & -1 \\ 2 & -2 & -1 \\ -1 & 1 & 1 \end{pmatrix}$$

若要发出单词 action,就是要发出数字

$$1,\ 3,\ 20,\ 9,\ 15,\ 14$$

加密

$$A\begin{pmatrix} 1 \\ 3 \\ 20 \end{pmatrix} = \begin{pmatrix} 67 \\ 44 \\ 43 \end{pmatrix}, A\begin{pmatrix} 9 \\ 15 \\ 14 \end{pmatrix} = \begin{pmatrix} 81 \\ 52 \\ 43 \end{pmatrix}$$

发出 - 接收密码

$$67,\ 44,\ 43,\ 81,\ 52,\ 43$$

解密

$$A^{-1}\begin{pmatrix} 67 \\ 44 \\ 43 \end{pmatrix} = \begin{pmatrix} 1 \\ 3 \\ 20 \end{pmatrix}, A^{-1}\begin{pmatrix} 81 \\ 52 \\ 43 \end{pmatrix} = \begin{pmatrix} 9 \\ 15 \\ 14 \end{pmatrix}$$

明码:数字 1, 3, 20, 9, 15, 14 就表示单词 action.

2.2.5 矩阵的秩

例 12 $A = \begin{pmatrix} 2 & -3 & 8 & 2 \\ 2 & 12 & -2 & 12 \\ 1 & 3 & 1 & 4 \end{pmatrix}$, 求 $R(A)$.

解 可得

$$A \xrightarrow[r_2 - 2r_3]{r_1 - 2r_3} \begin{pmatrix} 0 & -9 & 6 & -6 \\ 0 & 6 & -4 & 4 \\ 1 & 3 & 1 & 4 \end{pmatrix} \xrightarrow{r_1 \leftrightarrow r_3}$$

$$\begin{pmatrix} 1 & 3 & 1 & 4 \\ 0 & 6 & -4 & 4 \\ 0 & -9 & 6 & -6 \end{pmatrix} \xrightarrow{r_3 + \frac{3}{2}r_2}$$

$$\begin{pmatrix} 1 & 3 & 1 & 4 \\ 0 & 6 & -4 & 4 \\ 0 & 0 & 0 & 0 \end{pmatrix}$$

故

$$R(A) = 2$$

2.2.6 线性方程组的解

例 13 求解 $Ax = b, A = \begin{pmatrix} 1 & 2 & 3 & 4 \\ 2 & 4 & 4 & 6 \\ -1 & -2 & -1 & -2 \end{pmatrix}, b = \begin{pmatrix} 5 \\ 8 \\ -3 \end{pmatrix}$.

解 可得

$$\widetilde{A} = \left(\begin{array}{cccc:c} 1 & 2 & 3 & 4 & 5 \\ 2 & 4 & 4 & 6 & 8 \\ -1 & -2 & -1 & -2 & -3 \end{array}\right) \xrightarrow[r_3 + r_1]{r_2 - 2r_1} \left(\begin{array}{cccc:c} 1 & 2 & 3 & 4 & 5 \\ 0 & 0 & -2 & -2 & -2 \\ 0 & 0 & 2 & 2 & 2 \end{array}\right) \xrightarrow{\substack{r_3 + r_2 \\ -\frac{1}{2}r_2}}$$

$$\left(\begin{array}{cccc:c} 1 & 2 & 3 & 4 & 5 \\ 0 & 0 & 1 & 1 & 1 \\ 0 & 0 & 0 & 0 & 0 \end{array}\right) \xrightarrow{r_1 - 3r_2} \left(\begin{array}{cccc:c} 1 & 2 & 0 & 1 & 2 \\ 0 & 0 & 1 & 1 & 1 \\ 0 & 0 & 0 & 0 & 0 \end{array}\right)$$

$\text{rank}\,\tilde{A} = \text{rank}\,A = 2 < 4 \Rightarrow Ax = b$ 有无穷多解.

同解方程组

$$\begin{cases} x_1 = 2 - 2x_2 - x_4 \\ x_3 = 1 - x_4 \end{cases}$$

一般解

$$\begin{cases} x_1 = 2 - 2k_1 - k_2 \\ x_2 = k_1 \\ x_3 = 1 - k_2 \\ x_4 = k_2 \end{cases} \quad (k_1, k_2 \text{ 为任意常数})$$

例 14 求解 $Ax = b, A = \begin{pmatrix} \lambda & 1 & 1 & 1 \\ 1 & \lambda & 1 & 1 \\ 1 & 1 & \lambda & 1 \end{pmatrix}, b = \begin{pmatrix} 1 \\ \lambda \\ \lambda^2 \end{pmatrix}$.

解 可得

$$\widetilde{A} = \left(\begin{array}{cccc:c} \lambda & 1 & 1 & 1 & 1 \\ 1 & \lambda & 1 & 1 & \lambda \\ 1 & 1 & \lambda & 1 & \lambda^2 \end{array}\right) \xrightarrow[r_3 - r_1]{r_2 - r_1} \left(\begin{array}{cccc:c} \lambda & 1 & 1 & 1 & 1 \\ 1-\lambda & \lambda - 1 & 0 & 0 & \lambda - 1 \\ 1-\lambda & 0 & \lambda - 1 & 0 & \lambda^2 - 1 \end{array}\right) \xrightarrow[\lambda \neq 1]{\substack{-\frac{1}{\lambda - 1}r_2 \\ -\frac{1}{\lambda - 1}r_3}}$$

$$\left(\begin{array}{cccc:c} \lambda & 1 & 1 & 1 & 1 \\ -1 & 1 & 0 & 0 & 1 \\ -1 & 0 & 1 & 0 & \lambda + 1 \end{array}\right) \xrightarrow[r_1 - r_2 - r_3]{r_2 \leftrightarrow r_3} \left(\begin{array}{cccc:c} \lambda + 2 & 0 & 0 & 1 & -(\lambda + 1) \\ -1 & 0 & 1 & 0 & \lambda + 1 \\ -1 & 1 & 0 & 0 & 1 \end{array}\right)$$

(1) $\lambda \neq 1$.

同解方程组

$$\begin{cases} x_2 = 1 + x_1 \\ x_3 = (\lambda + 1) + x_1 \\ x_4 = -(\lambda + 1) - (\lambda + 2)x_1 \end{cases}$$

一般解

$$\begin{cases} x_1 = k \\ x_2 = 1 + k \\ x_3 = (\lambda + 1) + k \\ x_4 = -(\lambda + 1) - (\lambda + 2)k \end{cases} \qquad (k\text{ 为任意常数})$$

(2)$\lambda = 1$.

同解方程组

$$x_1 = 1 - (x_2 + x_3 + x_4)$$

一般解

$$\begin{cases} x_1 = 1 - k_1 - k_2 - k_3 \\ x_2 = k_1 \\ x_3 = k_2 \\ x_4 = k_3 \end{cases} \qquad (k_1, k_2, k_3\text{ 为任意常数})$$

例 15 讨论方程组 $\boldsymbol{Ax} = \boldsymbol{b}$,其中

$$\boldsymbol{A} = \begin{pmatrix} 1 & \lambda & 1 \\ 1 & 2\lambda & 1 \\ \mu & 1 & 1 \end{pmatrix}, \boldsymbol{b} = \begin{pmatrix} 3 \\ 4 \\ 4 \end{pmatrix}$$

何时有唯一解,无穷多解,无解?

解 计算可得 $\det \boldsymbol{A} = \lambda(1 - \mu)$.

(1)$\lambda \neq 0$ 且 $\mu \neq 1$:根据 Cramer 法则,方程组有唯一解.

(2)$\lambda = 0$,有

$$\tilde{\boldsymbol{A}} = \left(\begin{array}{ccc:c} 1 & 0 & 1 & 3 \\ 1 & 0 & 1 & 4 \\ \mu & 1 & 1 & 4 \end{array}\right) \xrightarrow{\text{行}} \left(\begin{array}{ccc:c} 1 & 0 & 1 & 3 \\ 0 & 0 & 0 & 1 \\ 0 & 1 & 1-\mu & 4-3\mu \end{array}\right) \xrightarrow{\text{行}} \left(\begin{array}{ccc:c} 1 & 0 & 1 & 3 \\ 0 & 1 & 1-\mu & 4-3\eta \\ 0 & 0 & 0 & 1 \end{array}\right)$$

$\operatorname{rank} \boldsymbol{A} = 2$, $\operatorname{rank} \tilde{\boldsymbol{A}} = 3$, 故方程组无解.

(3)$\mu = 1$,且 $\lambda \neq 0$,有

$$\widetilde{\boldsymbol{A}} = \left(\begin{array}{ccc:c} 1 & \lambda & 1 & 3 \\ 1 & 2\lambda & 1 & 4 \\ 1 & 1 & 1 & 4 \end{array}\right) \xrightarrow{r_2 - r_1} \left(\begin{array}{ccc:c} 1 & \lambda & 1 & 3 \\ 0 & \lambda & 0 & 1 \\ 1 & 1 & 1 & 4 \end{array}\right) \xrightarrow{r_1 - r_2} \left(\begin{array}{ccc:c} 1 & 0 & 1 & 2 \\ 0 & \lambda & 0 & 1 \\ 1 & 1 & 1 & 4 \end{array}\right) \xrightarrow{\frac{1}{\lambda} r_2}$$

$$\left(\begin{array}{ccc:c} 1 & 0 & 1 & 2 \\ 0 & 1 & 0 & \frac{1}{\lambda} \\ 1 & 1 & 1 & 4 \end{array}\right) \xrightarrow{r_3 - r_1 - r_2} \left(\begin{array}{ccc:c} 1 & 0 & 1 & 2 \\ 0 & 1 & 0 & \frac{1}{\lambda} \\ 0 & 0 & 0 & 2 - \frac{1}{\lambda} \end{array}\right)$$

$\lambda \neq \frac{1}{2}$ 时, $\operatorname{rank} \tilde{\boldsymbol{A}} = 3$, $\operatorname{rank} \boldsymbol{A} = 2$, 故方程组无解.

$\lambda = \frac{1}{2}$ 时, $\operatorname{rank} \tilde{\boldsymbol{A}} = \operatorname{rank} \boldsymbol{A} = 2 < 3$, 故方程组有无穷多解.

2.2.7 分块矩阵

例16 设 $\boldsymbol{A}_{m\times m}$ 与 $\boldsymbol{B}_{n\times n}$ 都可逆，$\boldsymbol{C}_{n\times m}$，$\boldsymbol{M}=\begin{pmatrix}\boldsymbol{A}&\boldsymbol{0}\\\boldsymbol{C}&\boldsymbol{B}\end{pmatrix}$，求 $\boldsymbol{M}^{-1}$.

解 因为 $\det\boldsymbol{M}=(\det\boldsymbol{A})(\det\boldsymbol{B})\neq 0$，所以 $\boldsymbol{M}$ 可逆.

设
$$\boldsymbol{M}^{-1}=\begin{pmatrix}\boldsymbol{X}_1&\boldsymbol{X}_2\\\boldsymbol{X}_3&\boldsymbol{X}_4\end{pmatrix}$$

则
$$\begin{pmatrix}\boldsymbol{A}&\boldsymbol{0}\\\boldsymbol{C}&\boldsymbol{B}\end{pmatrix}\begin{pmatrix}\boldsymbol{X}_1&\boldsymbol{X}_2\\\boldsymbol{X}_3&\boldsymbol{X}_4\end{pmatrix}=\begin{pmatrix}\boldsymbol{E}_m&\boldsymbol{0}\\\boldsymbol{0}&\boldsymbol{E}_n\end{pmatrix}$$

所以
$$\begin{cases}\boldsymbol{A}\boldsymbol{X}_1=\boldsymbol{E}_m\\\boldsymbol{A}\boldsymbol{X}_2=\boldsymbol{0}\\\boldsymbol{C}\boldsymbol{X}_1+\boldsymbol{B}\boldsymbol{X}_3=\boldsymbol{0}\\\boldsymbol{C}\boldsymbol{X}_2+\boldsymbol{B}\boldsymbol{X}_4=\boldsymbol{E}_n\end{cases}$$

$$\begin{cases}\boldsymbol{X}_1=\boldsymbol{A}^{-1}\\\boldsymbol{X}_2=\boldsymbol{0}\\\boldsymbol{X}_3=-\boldsymbol{B}^{-1}\boldsymbol{C}\boldsymbol{A}^{-1}\\\boldsymbol{X}_4=\boldsymbol{B}^{-1}\end{cases}$$

故
$$\boldsymbol{M}^{-1}=\begin{pmatrix}\boldsymbol{A}^{-1}&\boldsymbol{0}\\-\boldsymbol{B}^{-1}\boldsymbol{C}\boldsymbol{A}&\boldsymbol{B}^{-1}\end{pmatrix}$$

2.3 同步题解析

1.(1)2;(2)2;(3)$\boldsymbol{E}$;(4)$|\boldsymbol{A}|^{n-1}$.

2. BDDCBBBD

3. 已知线性变换

$$\begin{cases}x_1=2y_1+2y_2+y_3\\x_2=3y_1+y_2+5y_3\\x_3=3y_1+2y_2+3y_3\end{cases}$$

求从变量 x_1,x_2,x_3 到变量 y_1,y_2,y_3 的线性变换.

解:由已知

$$\begin{pmatrix}x_1\\x_2\\x_3\end{pmatrix}=\begin{pmatrix}2&2&1\\3&1&5\\3&2&3\end{pmatrix}\begin{pmatrix}y_1\\y_2\\y_2\end{pmatrix}$$

故

$$\begin{pmatrix} y_1 \\ y_2 \\ y_2 \end{pmatrix} = \begin{pmatrix} 2 & 2 & 1 \\ 3 & 1 & 5 \\ 3 & 2 & 3 \end{pmatrix}^{-1} \begin{pmatrix} x_1 \\ x_2 \\ x_3 \end{pmatrix} = \begin{pmatrix} -7 & -4 & 9 \\ 6 & 3 & -7 \\ 3 & 2 & -4 \end{pmatrix} \begin{pmatrix} x_1 \\ x_2 \\ x_3 \end{pmatrix}$$

$$\begin{cases} y_1 = -7x_1 - 4x_2 + 9x_3 \\ y_2 = 6x_1 + 3x_2 - 7x_3 \\ y_3 = 3x_1 + 2x_2 - 4x_3 \end{cases}$$

4.已知两个线性变换

$$\begin{cases} x_1 = 2y_1 + y_3 \\ x_2 = -2y_1 + 3y_2 + 2y_3 \\ x_3 = 4y_1 + y_2 + 5y_3 \end{cases}$$

$$\begin{cases} y_1 = -3z_1 + z_2 \\ y_2 = 2z_1 + z_3 \\ y_3 = -z_2 + 3z_3 \end{cases}$$

求从 z_1, z_2, z_3 到 x_1, x_2, x_3 的线性变换.

解:由已知

$$\begin{pmatrix} x_1 \\ x_2 \\ x_3 \end{pmatrix} = \begin{pmatrix} 2 & 0 & 1 \\ -2 & 3 & 2 \\ 4 & 1 & 5 \end{pmatrix} \begin{pmatrix} y_1 \\ y_2 \\ y_3 \end{pmatrix} = \begin{pmatrix} 2 & 0 & 1 \\ -2 & 3 & 2 \\ 4 & 1 & 5 \end{pmatrix} \begin{pmatrix} -3 & 1 & 0 \\ 2 & 0 & 1 \\ 0 & -1 & 3 \end{pmatrix} \begin{pmatrix} z_1 \\ z_2 \\ z_3 \end{pmatrix} =$$

$$\begin{pmatrix} -6 & 1 & 3 \\ 12 & -4 & 9 \\ -10 & -1 & 16 \end{pmatrix} \begin{pmatrix} z_1 \\ z_2 \\ z_3 \end{pmatrix}$$

所以有

$$\begin{cases} x_1 = -6z_1 + z_2 + 3z_3 \\ x_2 = 12z_1 - 4z_2 + 9z_3 \\ x_3 = -10z_1 - z_2 + 16z_3 \end{cases}$$

5.设 $\boldsymbol{A} = \begin{pmatrix} 1 & 1 & 1 \\ 1 & 1 & -1 \\ 1 & -1 & 1 \end{pmatrix}$, $\boldsymbol{B} = \begin{pmatrix} 1 & 2 & 3 \\ -1 & -2 & 4 \\ 0 & 5 & 1 \end{pmatrix}$,求 $3\boldsymbol{AB} - 2\boldsymbol{A}$ 及 $\boldsymbol{A}^{\mathrm{T}}\boldsymbol{B}$.

解:可得

$$3\boldsymbol{AB} - 2\boldsymbol{A} = 3\begin{pmatrix} 1 & 1 & 1 \\ 1 & 1 & -1 \\ 1 & -1 & 1 \end{pmatrix} \begin{pmatrix} 1 & 2 & 3 \\ -1 & -2 & 4 \\ 0 & 5 & 1 \end{pmatrix} - 2\begin{pmatrix} 1 & 1 & 1 \\ 1 & 1 & -1 \\ 1 & -1 & 1 \end{pmatrix} =$$

$$3\begin{pmatrix} 0 & 5 & 8 \\ 0 & -5 & 6 \\ 2 & 9 & 0 \end{pmatrix} - 2\begin{pmatrix} 1 & 1 & 1 \\ 1 & 1 & -1 \\ 1 & -1 & 1 \end{pmatrix} =$$

$$\begin{pmatrix} -2 & 13 & 22 \\ -2 & -17 & 20 \\ 4 & 29 & -2 \end{pmatrix}$$

$$A^TB = \begin{pmatrix} 1 & 1 & 1 \\ 1 & 1 & -1 \\ 1 & -1 & 1 \end{pmatrix}\begin{pmatrix} 1 & 2 & 3 \\ -1 & -2 & 4 \\ 0 & 5 & 1 \end{pmatrix} =$$

$$\begin{pmatrix} 0 & 5 & 8 \\ 0 & -5 & 6 \\ 2 & 9 & 0 \end{pmatrix}$$

6. 计算下列乘积：

(1) $\begin{pmatrix} 4 & 3 & 1 \\ 1 & -2 & 3 \\ 5 & 7 & 0 \end{pmatrix}\begin{pmatrix} 7 \\ 2 \\ 1 \end{pmatrix}$;

(2) $(1,2,3)\begin{pmatrix} 3 \\ 2 \\ 1 \end{pmatrix}$;

(3) $\begin{pmatrix} 2 \\ 1 \\ 3 \end{pmatrix}(-1,2)$;

(4) $\begin{pmatrix} 2 & 1 & 4 & 0 \\ 1 & -1 & 3 & 4 \end{pmatrix}\begin{pmatrix} 1 & 3 & 1 \\ 0 & -1 & 2 \\ 1 & -3 & 1 \\ 4 & 0 & -2 \end{pmatrix}$;

(5) $(x_1, x_2, x_3)\begin{pmatrix} a_{11} & a_{12} & a_{13} \\ a_{12} & a_{22} & a_{23} \\ a_{13} & a_{23} & a_{33} \end{pmatrix}\begin{pmatrix} x_1 \\ x_2 \\ x_3 \end{pmatrix}$;

(6) $\begin{pmatrix} 1 & 2 & 1 & 0 \\ 0 & 1 & 0 & 1 \\ 0 & 0 & 2 & 1 \\ 0 & 0 & 0 & 3 \end{pmatrix}\begin{pmatrix} 1 & 0 & 3 & 1 \\ 0 & 1 & 2 & -1 \\ 0 & 0 & -2 & 3 \\ 0 & 0 & 0 & -3 \end{pmatrix}$.

解：(1) $\begin{pmatrix} 4 & 3 & 1 \\ 1 & -2 & 3 \\ 5 & 7 & 0 \end{pmatrix}\begin{pmatrix} 7 \\ 2 \\ 1 \end{pmatrix} = \begin{pmatrix} 4\times7+3\times2+1\times1 \\ 1\times7+(-2)\times2+3\times1 \\ 5\times7+7\times2+0\times1 \end{pmatrix} = \begin{pmatrix} 35 \\ 6 \\ 49 \end{pmatrix}$

(2) $(1\quad 2\quad 3)\begin{pmatrix} 3 \\ 2 \\ 1 \end{pmatrix} = (1\times3+2\times2+3\times1) = (10)$

(3) $\begin{pmatrix} 2 \\ 1 \\ 3 \end{pmatrix}(-1\quad 2) = \begin{pmatrix} 2\times(-1) & 2\times2 \\ 1\times(-1) & 1\times2 \\ 3\times(-1) & 3\times2 \end{pmatrix} = \begin{pmatrix} -2 & 4 \\ -1 & 2 \\ -3 & 6 \end{pmatrix}$

(4)$\begin{pmatrix}2&1&4&0\\1&-1&3&4\end{pmatrix}\begin{pmatrix}1&3&1\\0&-1&2\\1&-3&1\\4&0&-2\end{pmatrix}=\begin{pmatrix}6&-7&8\\20&-5&-6\end{pmatrix}$

(5)$(x_1\quad x_2\quad x_3)\begin{pmatrix}a_{11}&a_{12}&a_{13}\\a_{12}&a_{22}&a_{23}\\a_{13}&a_{23}&a_{33}\end{pmatrix}\begin{pmatrix}x_1\\x_2\\x_3\end{pmatrix}=$

$(a_{11}x_1+a_{12}x_2+a_{13}x_3\quad a_{12}x_1+a_{22}x_2+a_{23}x_3\quad a_{13}x_1+a_{23}x_2+a_{33}x_3)\begin{pmatrix}x_1\\x_2\\x_3\end{pmatrix}=$

$a_{11}x_1^2+a_{22}x_2^2+a_{33}x_3^2+2a_{12}x_1x_2+2a_{13}x_1x_3+2a_{23}x_2x_3$

(6)$\begin{pmatrix}1&2&1&0\\0&1&0&1\\0&0&2&1\\0&0&0&3\end{pmatrix}\begin{pmatrix}1&0&3&1\\0&1&2&-1\\0&0&-2&3\\0&0&0&-3\end{pmatrix}=\begin{pmatrix}1&2&5&2\\0&1&2&-4\\0&0&-4&3\\0&0&0&-9\end{pmatrix}$

7.设$\boldsymbol{A}=\begin{pmatrix}1&2\\1&3\end{pmatrix}$,$\boldsymbol{B}=\begin{pmatrix}1&0\\1&2\end{pmatrix}$,问:

(1)$\boldsymbol{AB}=\boldsymbol{BA}$吗?

(2)$(\boldsymbol{A}+\boldsymbol{B})^2=\boldsymbol{A}^2+2\boldsymbol{AB}+\boldsymbol{B}^2$吗?

(3)$(\boldsymbol{A}+\boldsymbol{B})(\boldsymbol{A}-\boldsymbol{B})=\boldsymbol{A}^2-\boldsymbol{B}^2$吗?

解:(1)$\boldsymbol{A}=\begin{pmatrix}1&2\\1&3\end{pmatrix}$,$\boldsymbol{B}=\begin{pmatrix}1&0\\1&2\end{pmatrix}$,则

$$\boldsymbol{AB}=\begin{pmatrix}3&4\\4&6\end{pmatrix}$$

$$\boldsymbol{BA}=\begin{pmatrix}1&2\\3&8\end{pmatrix}$$

所以
$$\boldsymbol{AB}\neq\boldsymbol{BA}$$

(2)可得

$$(\boldsymbol{A}+\boldsymbol{B})^2=\begin{pmatrix}2&2\\2&5\end{pmatrix}\begin{pmatrix}2&2\\2&5\end{pmatrix}=\begin{pmatrix}8&14\\14&29\end{pmatrix}$$

但

$$\boldsymbol{A}^2+2\boldsymbol{AB}+\boldsymbol{B}^2=\begin{pmatrix}3&8\\4&11\end{pmatrix}+\begin{pmatrix}6&8\\8&12\end{pmatrix}+\begin{pmatrix}1&0\\3&4\end{pmatrix}=$$

$$\begin{pmatrix}10&16\\15&27\end{pmatrix}$$

故
$$(\boldsymbol{A}+\boldsymbol{B})^2\neq\boldsymbol{A}^2+2\boldsymbol{AB}+\boldsymbol{B}^2$$

(3)可得

$$(\boldsymbol{A}+\boldsymbol{B})(\boldsymbol{A}-\boldsymbol{B})=\begin{pmatrix}2&2\\2&5\end{pmatrix}\begin{pmatrix}0&2\\0&1\end{pmatrix}=\begin{pmatrix}0&6\\0&9\end{pmatrix}$$

而
$$\boldsymbol{A}^2-\boldsymbol{B}^2=\begin{pmatrix}3&8\\4&11\end{pmatrix}-\begin{pmatrix}1&0\\3&4\end{pmatrix}=\begin{pmatrix}2&8\\1&7\end{pmatrix}$$

故
$$(\boldsymbol{A}+\boldsymbol{B})(\boldsymbol{A}-\boldsymbol{B})\neq\boldsymbol{A}^2-\boldsymbol{B}^2$$

8.举反列说明下列命题是错误的：

(1) 若 $\boldsymbol{A}^2=\boldsymbol{0}$,则 $\boldsymbol{A}=\boldsymbol{0}$;

(2) 若 $\boldsymbol{A}^2=\boldsymbol{A}$,则 $\boldsymbol{A}=\boldsymbol{0}$ 或 $\boldsymbol{A}=\boldsymbol{E}$;

(3) 若 $\boldsymbol{AX}=\boldsymbol{AY}$,且 $\boldsymbol{A}\neq\boldsymbol{0}$,则 $\boldsymbol{X}=\boldsymbol{Y}$.

解:(1) 取 $\boldsymbol{A}=\begin{pmatrix}0&1\\0&0\end{pmatrix}$,则 $\boldsymbol{A}^2=\boldsymbol{0}$,但 $\boldsymbol{A}\neq\boldsymbol{0}$.

(2) 取 $\boldsymbol{A}=\begin{pmatrix}1&1\\0&0\end{pmatrix}$,则 $\boldsymbol{A}^2=\boldsymbol{A}$,但 $\boldsymbol{A}\neq 0$ 且 $\boldsymbol{A}\neq\boldsymbol{E}$.

(3) 取
$$\boldsymbol{A}=\begin{pmatrix}1&0\\0&0\end{pmatrix}\quad\boldsymbol{X}=\begin{pmatrix}1&1\\-1&1\end{pmatrix}\quad\boldsymbol{Y}=\begin{pmatrix}1&1\\0&1\end{pmatrix}$$

$\boldsymbol{AX}=\boldsymbol{AY}$,且 $\boldsymbol{A}\neq\boldsymbol{0}$,但 $\boldsymbol{X}\neq\boldsymbol{Y}$.

9.设 $\boldsymbol{A}=\begin{pmatrix}1&0\\\lambda&1\end{pmatrix}$,求 $\boldsymbol{A}^2,\boldsymbol{A}^3,\cdots,\boldsymbol{A}^k$.

解:可得

$$\boldsymbol{A}^2=\begin{pmatrix}1&0\\\lambda&1\end{pmatrix}\begin{pmatrix}1&0\\\lambda&1\end{pmatrix}=\begin{pmatrix}1&0\\2\lambda&1\end{pmatrix}$$

$$\boldsymbol{A}^3=\boldsymbol{A}^2\boldsymbol{A}=\begin{pmatrix}1&0\\2\lambda&1\end{pmatrix}\begin{pmatrix}1&0\\\lambda&1\end{pmatrix}=\begin{pmatrix}1&0\\3\lambda&1\end{pmatrix}$$

利用数学归纳法证明

$$\boldsymbol{A}^k=\begin{pmatrix}1&0\\k\lambda&1\end{pmatrix}$$

当 $k=1$ 时,显然成立,假设 k 时成立,则 $k+1$ 时

$$\boldsymbol{A}^{k+1}=\boldsymbol{A}^k\boldsymbol{A}=\begin{pmatrix}1&0\\k\lambda&1\end{pmatrix}\begin{pmatrix}1&0\\\lambda&1\end{pmatrix}=\begin{pmatrix}1&0\\(k+1)\lambda&1\end{pmatrix}$$

由数学归纳法原理知

$$\boldsymbol{A}^k=\begin{pmatrix}1&0\\k\lambda&1\end{pmatrix}$$

10.设 $\boldsymbol{A}=\begin{pmatrix}\lambda&1&0\\0&\lambda&1\\0&0&\lambda\end{pmatrix}$,求 $\boldsymbol{A}^k$.

解 首先观察

$$\boldsymbol{A}^2=\begin{pmatrix}\lambda&1&0\\0&\lambda&1\\0&0&\lambda\end{pmatrix}\begin{pmatrix}\lambda&1&0\\0&\lambda&1\\0&0&\lambda\end{pmatrix}=\begin{pmatrix}\lambda^2&2\lambda&1\\0&\lambda^2&2\lambda\\0&0&\lambda^2\end{pmatrix}$$

$$A^3 = A^2 \cdot A = \begin{pmatrix} \lambda^3 & 3\lambda^2 & 3\lambda \\ 0 & \lambda^3 & 3\lambda^2 \\ 0 & 0 & \lambda^3 \end{pmatrix}$$

由此推测

$$A^k = \begin{pmatrix} \lambda^k & k\lambda^{k-1} & \frac{k(k-1)}{2}\lambda^{k-2} \\ 0 & \lambda^k & k\lambda^{k-1} \\ 0 & 0 & \lambda^k \end{pmatrix} \quad (k \geqslant 2)$$

用数学归纳法证明：

当 $k=2$ 时，显然成立.

假设 k 时成立，则 $k+1$ 时

$$A^{k+1} = A^k \cdot A = \begin{pmatrix} \lambda^k & k\lambda^{k-1} & \frac{k(k-1)}{2}\lambda^{k-2} \\ 0 & \lambda^k & k\lambda^{k-1} \\ 0 & 0 & \lambda^k \end{pmatrix}\begin{pmatrix} \lambda & 1 & 0 \\ 0 & \lambda & 1 \\ 0 & 0 & \lambda \end{pmatrix} =$$

$$\begin{pmatrix} \lambda^{k+1} & (k+1)\lambda^{k-1} & \frac{(k+1)k}{2}\lambda^{k-1} \\ 0 & \lambda^{k+1} & (k+1)\lambda^{k-1} \\ 0 & 0 & \lambda^{k+1} \end{pmatrix}$$

由数学归纳法原理知

$$A^k = \begin{pmatrix} \lambda^k & k\lambda^{k-1} & \frac{k(k-1)}{2}\lambda^{k-2} \\ 0 & \lambda^k & k\lambda^{k-1} \\ 0 & 0 & \lambda^k \end{pmatrix}$$

11. 设 A, B 为 n 阶矩阵，且 A 为对称矩阵，证明 B^TAB 也是对称矩阵.

证明：已知

$$A^T = A$$

则

$$(B^TAB)^T = B^T(B^TA)^T = B^TA^TB = B^TAB$$

从而 B^TAB 也是对称矩阵.

12. 设 A, B 都是 n 阶对称矩阵，证明 AB 是对称矩阵的充分必要条件是 $AB = BA$.

证明：由已知

$$A^T = A, B^T = B$$

充分性

$$AB = BA \Rightarrow AB = BA^T \Rightarrow AB = (AB)^T$$

即 AB 是对称矩阵.

必要性

$$(AB)^T = AB \Rightarrow B^TA^T = AB \Rightarrow BA = AB$$

13. 求下列矩阵的逆矩阵：

(1) $\begin{pmatrix} 1 & 2 \\ 2 & 5 \end{pmatrix}$; (2) $\begin{pmatrix} \cos\theta & -\sin\theta \\ \sin\theta & \cos\theta \end{pmatrix}$; (3) $\begin{pmatrix} 1 & 2 & -1 \\ 3 & 4 & -2 \\ 5 & -4 & 1 \end{pmatrix}$;

(4) $\begin{pmatrix} 1 & 0 & 0 & 0 \\ 1 & 2 & 0 & 0 \\ 2 & 1 & 3 & 0 \\ 1 & 2 & 1 & 4 \end{pmatrix}$; (5) $\begin{pmatrix} 5 & 2 & 0 & 0 \\ 2 & 1 & 0 & 0 \\ 0 & 0 & 8 & 3 \\ 0 & 0 & 5 & 2 \end{pmatrix}$;

(6) $\begin{pmatrix} a_1 & & & \\ & a_2 & & \\ & & \ddots & \\ & & & a_n \end{pmatrix}$ $(a_1 a_2 \cdots a_n \neq 0)$.

解:(1) 可得

$$A = \begin{pmatrix} 1 & 2 \\ 2 & 5 \end{pmatrix}$$

$$|A| = 1$$

$$A_{11} = 5, A_{21} = 2 \times (-1), A_{12} = 2 \times (-1), A_{22} = 1$$

$$A^* = \begin{pmatrix} A_{11} & A_{21} \\ A_{12} & A_{22} \end{pmatrix} = \begin{pmatrix} 5 & -2 \\ -2 & 1 \end{pmatrix}$$

$$A^{-1} = \frac{1}{|A|} A^*$$

故

$$A^{-1} = \begin{pmatrix} 5 & -2 \\ -2 & 1 \end{pmatrix}$$

(2) $|A| = 1 \neq 0$,故 A^{-1} 存在,有

$$A_{11} = \cos\theta, A_{21} = \sin\theta, A_{12} = -\sin\theta, A_{22} = \cos\theta$$

从而

$$A^{-1} = \begin{pmatrix} \cos\theta & \sin\theta \\ -\sin\theta & \cos\theta \end{pmatrix}$$

(3) $|A| = 2$,故 A^{-1} 存在,有

$$A_{11} = -4, A_{21} = 2, A_{31} = 0$$

而

$$A_{12} = -13, A_{22} = 6, A_{32} = -1$$

$$A_{13} = -32, A_{23} = 14, A_{33} = -2$$

故

$$A^{-1} = \frac{1}{|A|} A^* = \begin{pmatrix} -2 & 1 & 0 \\ -\frac{13}{2} & 3 & -\frac{1}{2} \\ -16 & 7 & -1 \end{pmatrix}$$

(4) 设

$$A=\begin{pmatrix}1&0&0&0\\1&2&0&0\\2&1&3&0\\1&2&1&4\end{pmatrix}$$

$$|A|=24$$

$$A_{21}=A_{31}=A_{41}=A_{32}=A_{42}=A_{43}=0$$

$$A_{11}=24, A_{22}=12, A_{33}=8, A_{44}=6$$

$$A_{12}=(-1)^3\begin{vmatrix}1&0&0\\2&3&0\\1&1&4\end{vmatrix}=-12, A_{13}=(-1)^4\begin{vmatrix}1&2&0\\2&1&0\\1&2&4\end{vmatrix}=-12$$

$$A_{14}=(-1)^5\begin{vmatrix}1&2&0\\2&1&3\\1&2&1\end{vmatrix}=3, A_{23}=(-1)^5\begin{vmatrix}1&0&0\\2&1&0\\1&2&4\end{vmatrix}=-4$$

$$A_{24}=(-1)^6\begin{vmatrix}1&0&0\\2&1&3\\1&2&1\end{vmatrix}=-5, A_{34}=(-1)^7\begin{vmatrix}1&0&0\\1&2&0\\1&2&1\end{vmatrix}=-2$$

$$A^{-1}=\frac{1}{|A|}A^*$$

故
$$A^{-1}=\begin{pmatrix}1&0&0&0\\-\frac{1}{2}&\frac{1}{2}&0&0\\-\frac{1}{2}&-\frac{1}{6}&\frac{1}{3}&0\\\frac{1}{8}&-\frac{5}{24}&-\frac{1}{12}&\frac{1}{4}\end{pmatrix}$$

(5) $|A|=1\neq 0$，故 A^{-1} 存在，而

$$A_{11}=1, A_{21}=-2, A_{31}=0, A_{41}=0$$
$$A_{12}=-2, A_{22}=5, A_{32}=0, A_{42}=0$$
$$A_{13}=0, A_{23}=0, A_{33}=2, A_{43}=-3$$
$$A_{14}=0, A_{24}=0, A_{34}=-5, A_{44}=8$$

从而
$$A^{-1}=\begin{pmatrix}1&-2&0&0\\-2&5&0&0\\0&0&2&-3\\0&0&-5&8\end{pmatrix}$$

(6) 设
$$A=\begin{pmatrix}a_1&&&\\&a_2&&\\&&\ddots&\\&&&a_n\end{pmatrix}$$

由对角矩阵的性质知

$$A^{-1}=\begin{pmatrix}\frac{1}{a_1} & & & \\ & \frac{1}{a_2} & & \\ & & \ddots & \\ & & & \frac{1}{a_n}\end{pmatrix}$$

14. 解下列矩阵方程：

(1) $\begin{pmatrix}2 & 5\\1 & 3\end{pmatrix}X=\begin{pmatrix}4 & -6\\2 & 1\end{pmatrix}$； (2) $X\begin{pmatrix}2 & 1 & -1\\2 & 1 & 0\\1 & -1 & 1\end{pmatrix}=\begin{pmatrix}1 & -1 & 3\\4 & 3 & 2\end{pmatrix}$；

(3) $\begin{pmatrix}1 & 4\\-1 & 2\end{pmatrix}X\begin{pmatrix}2 & 0\\-1 & 1\end{pmatrix}=\begin{pmatrix}3 & 1\\0 & -1\end{pmatrix}$；

(4) $\begin{pmatrix}0 & 1 & 0\\1 & 0 & 0\\0 & 0 & 1\end{pmatrix}X\begin{pmatrix}1 & 0 & 0\\0 & 0 & 1\\0 & 1 & 0\end{pmatrix}=\begin{pmatrix}1 & -4 & 3\\2 & 0 & -1\\1 & -2 & 0\end{pmatrix}$.

解：(1) $X=\begin{pmatrix}2 & 5\\1 & 3\end{pmatrix}^{-1}\begin{pmatrix}4 & -6\\2 & 1\end{pmatrix}=\begin{pmatrix}3 & -5\\-1 & 2\end{pmatrix}\begin{pmatrix}4 & -6\\2 & 1\end{pmatrix}=\begin{pmatrix}2 & -23\\0 & 8\end{pmatrix}$

(2) $X=\begin{pmatrix}1 & -1 & 3\\4 & 3 & 2\end{pmatrix}\begin{pmatrix}2 & 1 & -1\\2 & 1 & 0\\1 & -1 & 1\end{pmatrix}^{-1}=\frac{1}{3}\begin{pmatrix}1 & -1 & 3\\4 & 3 & 2\end{pmatrix}\begin{pmatrix}1 & 0 & 1\\-2 & 3 & -2\\-3 & 3 & 0\end{pmatrix}=$

$$\begin{pmatrix}-2 & 2 & 1\\-\frac{8}{3} & 5 & -\frac{2}{3}\end{pmatrix}$$

(3) $X=\begin{pmatrix}1 & 4\\-1 & 2\end{pmatrix}^{-1}\begin{pmatrix}3 & 1\\0 & -1\end{pmatrix}\begin{pmatrix}2 & 0\\-1 & 1\end{pmatrix}^{-1}=\frac{1}{12}\begin{pmatrix}2 & -4\\1 & 1\end{pmatrix}\begin{pmatrix}3 & 1\\0 & -1\end{pmatrix}\begin{pmatrix}1 & 0\\1 & 2\end{pmatrix}=$

$$\frac{1}{12}\begin{pmatrix}6 & 6\\3 & 0\end{pmatrix}\begin{pmatrix}1 & 0\\1 & 2\end{pmatrix}=\begin{pmatrix}1 & 1\\\frac{1}{4} & 0\end{pmatrix}$$

(4) $X=\begin{pmatrix}0 & 1 & 0\\1 & 0 & 0\\0 & 0 & 1\end{pmatrix}^{-1}\begin{pmatrix}1 & -4 & 3\\2 & 0 & -1\\1 & -2 & 0\end{pmatrix}\begin{pmatrix}1 & 0 & 0\\0 & 0 & 1\\0 & 1 & 0\end{pmatrix}^{-1}=$

$$\begin{pmatrix}0 & 1 & 0\\1 & 0 & 0\\0 & 0 & 1\end{pmatrix}\begin{pmatrix}1 & -4 & 3\\2 & 0 & -1\\1 & -2 & 0\end{pmatrix}\begin{pmatrix}1 & 0 & 0\\0 & 0 & 1\\0 & 1 & 0\end{pmatrix}=\begin{pmatrix}2 & -1 & 0\\1 & 3 & -4\\1 & 0 & -2\end{pmatrix}$$

15. 利用逆矩阵解下列线性方程组：

(1) $\begin{cases}x_1+2x_2+3x_3=1\\2x_1+2x_2+5x_3=2\\3x_1+5x_2+x_3=3\end{cases}$；(2) $\begin{cases}x_1-x_2-x_3=2\\2x_1-x_2-3x_3=1\\3x_1+2x_2-5x_3=0\end{cases}$.

解:(1) 方程组可表示为

$$\begin{pmatrix}1&2&3\\2&2&5\\3&5&1\end{pmatrix}\begin{pmatrix}x_1\\x_2\\x_3\end{pmatrix}=\begin{pmatrix}1\\2\\3\end{pmatrix}$$

故
$$\begin{pmatrix}x_1\\x_2\\x_3\end{pmatrix}=\begin{pmatrix}1&2&3\\2&2&5\\3&5&1\end{pmatrix}^{-1}\begin{pmatrix}1\\2\\3\end{pmatrix}=\begin{pmatrix}1\\0\\0\end{pmatrix}$$

从而有

$$\begin{cases}x_1=1\\x_2=0\\x_3=0\end{cases}$$

(2) 方程组可表示为

$$\begin{pmatrix}1&-1&-1\\2&-1&-3\\3&2&-5\end{pmatrix}\begin{pmatrix}x_1\\x_2\\x_3\end{pmatrix}=\begin{pmatrix}2\\1\\0\end{pmatrix}$$

故
$$\begin{pmatrix}x_1\\x_2\\x_3\end{pmatrix}=\begin{pmatrix}1&-1&-1\\2&-1&-3\\3&2&-5\end{pmatrix}^{-1}\begin{pmatrix}2\\1\\0\end{pmatrix}=\begin{pmatrix}5\\0\\3\end{pmatrix}$$

故有
$$\begin{cases}x_1=5\\x_2=0\\x_3=3\end{cases}$$

16. 设 $\boldsymbol{A}^k=\boldsymbol{0}$($k$ 为正整数),证明

$$(\boldsymbol{E}-\boldsymbol{A})^{-1}=\boldsymbol{E}+\boldsymbol{A}+\boldsymbol{A}^2+\cdots+\boldsymbol{A}^{k-1}$$

证明:一方面

$$\boldsymbol{E}=(\boldsymbol{E}-\boldsymbol{A})^{-1}(\boldsymbol{E}-\boldsymbol{A})$$

另一方面,由 $\boldsymbol{A}^k=\boldsymbol{0}$ 有

$$\boldsymbol{E}=(\boldsymbol{E}-\boldsymbol{A})+(\boldsymbol{A}-\boldsymbol{A}^2)+\boldsymbol{A}^2-\cdots-\boldsymbol{A}^{k-1}+(\boldsymbol{A}^{k-1}-\boldsymbol{A}^k)=$$
$$(\boldsymbol{E}+\boldsymbol{A}+\boldsymbol{A}^2+\cdots+\boldsymbol{A}^{k-1})(\boldsymbol{E}-\boldsymbol{A})$$

故
$$(\boldsymbol{E}-\boldsymbol{A})^{-1}(\boldsymbol{E}-\boldsymbol{A})=(\boldsymbol{E}+\boldsymbol{A}+\boldsymbol{A}^2+\cdots+\boldsymbol{A}^{k-1})(\boldsymbol{E}-\boldsymbol{A})$$

两端同时右乘$(\boldsymbol{E}-\boldsymbol{A})^{-1}$,就有

$$(\boldsymbol{E}-\boldsymbol{A})^{-1}=\boldsymbol{E}+\boldsymbol{A}+\boldsymbol{A}^2+\cdots+\boldsymbol{A}^{k-1}$$

17. 设方阵 $\boldsymbol{A}$ 满足 $\boldsymbol{A}^2-\boldsymbol{A}-2\boldsymbol{E}=\boldsymbol{0}$,证明 $\boldsymbol{A}$ 及 $\boldsymbol{A}+2\boldsymbol{E}$ 都可逆,并求 $\boldsymbol{A}^{-1}$ 及 $(\boldsymbol{A}+2\boldsymbol{E})^{-1}$.

证明:由 $\boldsymbol{A}^2-\boldsymbol{A}-2\boldsymbol{E}=\boldsymbol{0}$,得

$$\boldsymbol{A}^2-\boldsymbol{A}=2\boldsymbol{E}$$

两端同时取行列式

$$|\boldsymbol{A}^2-\boldsymbol{A}|=2$$

即$|A||A-E|=2$,故$|A|\neq 0$.

所以 A 可逆,而

$$A+2E=A^2$$
$$|A+2E|=|A^2|=|A|^2\neq 0$$

故 $A+2E$ 也可逆.

由

$$A^2-A-2E=0\Rightarrow A(A-E)=2E\Rightarrow$$
$$A^{-1}A(A-E)=2A^{-1}E\Rightarrow$$
$$A^{-1}=\frac{1}{2}(A-E)$$

又由

$$A^2-A-2E=0\Rightarrow (A+2E)A-3(A+2E)=-4E\Rightarrow$$
$$(A+2E)(A-3E)=-4E$$

所以 $$(A+2E)^{-1}(A+2E)(A-3E)=-4(A+2E)^{-1}$$

因此 $$(A+2E)^{-1}=\frac{1}{4}(3E-A)$$

18.设 $A=\begin{pmatrix}0&3&3\\1&1&0\\-1&2&3\end{pmatrix}$,$AB=A+2B$,求 B.

解:由 $$AB=A+2B$$

可得 $$(A-2E)B=A$$

故

$$B=(A-2E)^{-1}A=\begin{pmatrix}-2&3&3\\1&-1&0\\-1&2&1\end{pmatrix}^{-1}\begin{pmatrix}0&3&3\\1&1&0\\-1&2&3\end{pmatrix}=\begin{pmatrix}0&3&3\\-1&2&3\\1&1&0\end{pmatrix}$$

19.设 $P^{-1}AP=\Lambda$,其中 $P=\begin{pmatrix}-1&-4\\1&1\end{pmatrix}$,$\Lambda=\begin{pmatrix}-1&0\\0&2\end{pmatrix}$,求 A^{11}.

解:$P^{-1}AP=\Lambda$,故 $A=P\Lambda P^{-1}$ 所以 $A^{11}=P\Lambda^{11}P^{-1}$.

由已知,有

$$|P|=3,P^*=\begin{pmatrix}1&4\\-1&1\end{pmatrix},P^{-1}=\frac{1}{3}\begin{pmatrix}1&4\\-1&-1\end{pmatrix}$$

而 $$\Lambda^{11}=\begin{pmatrix}-1&0\\0&2\end{pmatrix}^{11}=\begin{pmatrix}-1&0\\0&2^{11}\end{pmatrix}$$

故 $$A^{11}=\begin{pmatrix}-1&-4\\1&1\end{pmatrix}\begin{pmatrix}-1&0\\0&2^{11}\end{pmatrix}\begin{pmatrix}\frac{1}{3}&\frac{4}{3}\\-\frac{1}{3}&-\frac{1}{3}\end{pmatrix}=\begin{pmatrix}2\,731&2\,732\\-683&-684\end{pmatrix}$$

20.设 m 次多项式

$$f(x)=a_0+a_1x+a_2x^2+\cdots+a_mx^m$$

记 $$f(A)=a_0E+a_1A+a_2A^2+\cdots+a_mA^m$$

$f(\boldsymbol{A})$ 称为方阵 $\boldsymbol{A}$ 的 m 次多项式.

(1) 设 $\boldsymbol{\Lambda} = \begin{pmatrix} \lambda_1 & 0 \\ 0 & \lambda_2 \end{pmatrix}$,证明:$\boldsymbol{\Lambda}^k = \begin{pmatrix} \lambda_1^k & 0 \\ 0 & \lambda_2^k \end{pmatrix}$,$f(\boldsymbol{\Lambda}) = \begin{pmatrix} f(\lambda_1) & 0 \\ 0 & f(\lambda_2) \end{pmatrix}$;

(2) 设 $\boldsymbol{A} = \boldsymbol{P\Lambda P}^{-1}$,证明:$\boldsymbol{A}^k = \boldsymbol{P\Lambda}^k\boldsymbol{P}^{-1}$,$f(\boldsymbol{A}) = \boldsymbol{P}f(\boldsymbol{\Lambda})\boldsymbol{P}^{-1}$.

证明:(1) 利用数学归纳法.当 $k = 2$ 时

$$\boldsymbol{\Lambda}^2 = \begin{pmatrix} \lambda_1 & 0 \\ 0 & \lambda_2 \end{pmatrix}\begin{pmatrix} \lambda_1 & 0 \\ 0 & \lambda_2 \end{pmatrix} = \begin{pmatrix} \lambda_1^2 & 0 \\ 0 & \lambda_2^2 \end{pmatrix}$$

命题成立,假设 k 时成立,则 $k + 1$ 时

$$\boldsymbol{\Lambda}^{k+1} = \boldsymbol{\Lambda}^k\boldsymbol{\Lambda} = \begin{pmatrix} \lambda_1^k & 0 \\ 0 & \lambda_2^k \end{pmatrix}\begin{pmatrix} \lambda_1 & 0 \\ 0 & \lambda_2 \end{pmatrix} = \begin{pmatrix} \lambda_1^{k+1} & 0 \\ 0 & \lambda_2^{k+1} \end{pmatrix}$$

故命题成立.

另,由已知

$$\text{左边} = f(\boldsymbol{\Lambda}) = a_0\boldsymbol{E} + a_1\boldsymbol{\Lambda} + a_2\boldsymbol{\Lambda}^2 + \cdots + a_m\boldsymbol{\Lambda}^m =$$

$$a_0\begin{pmatrix} 1 & 0 \\ 0 & 1 \end{pmatrix} + a_1\begin{pmatrix} \lambda_1 & 0 \\ 0 & \lambda_2 \end{pmatrix} + \cdots + a_m\begin{pmatrix} \lambda_1^m & 0 \\ 0 & \lambda_2^m \end{pmatrix} =$$

$$\begin{pmatrix} a_0 + a_1\lambda_1 + a_2\lambda_1^2 + \cdots + a_m\lambda_1^m & 0 \\ 0 & a_0 + a_1\lambda_2 + a_2\lambda_2^2 + \cdots + a_m\lambda_2^m \end{pmatrix} =$$

$$\begin{pmatrix} f(\lambda_1) & 0 \\ 0 & f(\lambda_2) \end{pmatrix} = \text{右边}$$

(2) 利用数学归纳法.当 $k = 2$ 时

$$\boldsymbol{A}^2 = \boldsymbol{P\Lambda P}^{-1}\boldsymbol{P\Lambda P}^{-1} = \boldsymbol{P\Lambda}^2\boldsymbol{P}^{-1}$$

成立.假设 k 时成立,则 $k + 1$ 时

$$\boldsymbol{A}^{k+1} = \boldsymbol{A}^k \cdot \boldsymbol{A} = \boldsymbol{P\Lambda}^k\boldsymbol{P}^{-1}\boldsymbol{P\Lambda P}^{-1} = \boldsymbol{P\Lambda}^{k+1}\boldsymbol{P}^{-1}$$

成立,故命题成立,即

$$\boldsymbol{A}^k = \boldsymbol{P\Lambda}^k\boldsymbol{P}^{-1}$$

另外

$$\text{右边} = \boldsymbol{P}f(\boldsymbol{\Lambda})\boldsymbol{P}^{-1} =$$

$$\boldsymbol{P}(a_0\boldsymbol{E} + a_1\boldsymbol{\Lambda} + a_2\boldsymbol{\Lambda}^2 + \cdots + a_m\boldsymbol{\Lambda}^m)\boldsymbol{P}^{-1} =$$

$$a_0\boldsymbol{PEP}^{-1} + a_1\boldsymbol{P\Lambda P}^{-1} + a_2\boldsymbol{P\Lambda}^2\boldsymbol{P}^{-1} + \cdots + a_m\boldsymbol{P\Lambda}^m\boldsymbol{P}^{-1} =$$

$$a_0\boldsymbol{E} + a_1\boldsymbol{A} + a_2\boldsymbol{A}^2 + \cdots + a_m\boldsymbol{A}^m = f(\boldsymbol{A}) = \text{左边}$$

21.把下列矩阵化为行最简形矩阵:

(1) $\begin{pmatrix} 1 & 0 & 2 & -1 \\ 2 & 0 & 3 & 1 \\ 3 & 0 & 4 & -3 \end{pmatrix}$;　　(2) $\begin{pmatrix} 0 & 2 & -3 & 1 \\ 0 & 3 & -4 & 3 \\ 0 & 4 & -7 & -1 \end{pmatrix}$;

(3) $\begin{pmatrix} 1 & -1 & 3 & -4 & 3 \\ 3 & -3 & 5 & -4 & 1 \\ 2 & -2 & 3 & -2 & 0 \\ 3 & -3 & 4 & -2 & -1 \end{pmatrix}$；　　(4) $\begin{pmatrix} 2 & 3 & 1 & -3 & -7 \\ 1 & 2 & 0 & -2 & -4 \\ 3 & -2 & 8 & 3 & 0 \\ 2 & -3 & 7 & 4 & 3 \end{pmatrix}$.

解：(1)
$$\begin{pmatrix} 1 & 0 & 2 & -1 \\ 2 & 0 & 3 & 1 \\ 3 & 0 & 4 & -3 \end{pmatrix} \overset{r_2+(-2)r_1}{\underset{r_3+(-3)r_1}{\sim}} \begin{pmatrix} 1 & 0 & 2 & -1 \\ 0 & 0 & -1 & 3 \\ 0 & 0 & -2 & 0 \end{pmatrix} \overset{r_2\div(-1)}{\underset{r_3\div(-2)}{\sim}}$$

$$\begin{pmatrix} 1 & 0 & 2 & -1 \\ 0 & 0 & 1 & -3 \\ 0 & 0 & 1 & 0 \end{pmatrix} \overset{r_3-r_2}{\sim} \begin{pmatrix} 1 & 0 & 2 & -1 \\ 0 & 0 & 1 & -3 \\ 0 & 0 & 0 & 3 \end{pmatrix} \overset{r_3\div 3}{\sim}$$

$$\begin{pmatrix} 1 & 0 & 2 & -1 \\ 0 & 0 & 1 & -3 \\ 0 & 0 & 0 & 1 \end{pmatrix} \overset{r_2+3r_3}{\sim} \begin{pmatrix} 1 & 0 & 2 & -1 \\ 0 & 0 & 1 & 0 \\ 0 & 0 & 0 & 1 \end{pmatrix} \overset{r_1+(-2)r_2}{\underset{r_1+r_3}{\sim}}$$

$$\begin{pmatrix} 1 & 0 & 0 & 0 \\ 0 & 0 & 1 & 0 \\ 0 & 0 & 0 & 1 \end{pmatrix}$$

(2)
$$\begin{pmatrix} 0 & 2 & -3 & 1 \\ 0 & 3 & -4 & 3 \\ 0 & 4 & -7 & -1 \end{pmatrix} \overset{r_2\times 2+(-3)r_1}{\underset{r_3+(-2)r_1}{\sim}} \begin{pmatrix} 0 & 2 & -3 & 1 \\ 0 & 0 & 1 & 3 \\ 0 & 0 & -1 & -3 \end{pmatrix} \overset{r_3+r_2}{\underset{r_1+3r_2}{\sim}}$$

$$\begin{pmatrix} 0 & 2 & 0 & 10 \\ 0 & 0 & 1 & 3 \\ 0 & 0 & 0 & 0 \end{pmatrix} \overset{r_1\div 2}{\sim} \begin{pmatrix} 0 & 1 & 0 & 5 \\ 0 & 0 & 1 & 3 \\ 0 & 0 & 0 & 0 \end{pmatrix}$$

(3)
$$\begin{pmatrix} 1 & -1 & 3 & -4 & 3 \\ 3 & -3 & 5 & -4 & 1 \\ 2 & -2 & 3 & -2 & 0 \\ 3 & -3 & 4 & -2 & -1 \end{pmatrix} \overset{r_2-3r_1}{\underset{\substack{r_3-2r_1 \\ r_4-3r_1}}{\sim}} \begin{pmatrix} 1 & -1 & 3 & -4 & 3 \\ 0 & 0 & -4 & 8 & -8 \\ 0 & 0 & -3 & 6 & -6 \\ 0 & 0 & -5 & 10 & -10 \end{pmatrix} \overset{r_2\div(-4)}{\underset{\substack{r_3\div(-3) \\ r_4\div(-5)}}{\sim}}$$

$$\begin{pmatrix} 1 & -1 & 3 & -4 & 3 \\ 0 & 0 & 1 & -2 & 2 \\ 0 & 0 & 1 & -2 & 2 \\ 0 & 0 & 1 & -2 & 2 \end{pmatrix} \overset{r_1-3r_2}{\underset{\substack{r_3-r_2 \\ r_4-r_2}}{\sim}} \begin{pmatrix} 1 & -1 & 0 & 2 & -3 \\ 0 & 0 & 1 & -2 & 2 \\ 0 & 0 & 0 & 0 & 0 \\ 0 & 0 & 0 & 0 & 0 \end{pmatrix}$$

(4)
$$\begin{pmatrix} 2 & 3 & 1 & -3 & -7 \\ 1 & 2 & 0 & -2 & -4 \\ 3 & -2 & 8 & 3 & 0 \\ 2 & -3 & 7 & 4 & 3 \end{pmatrix} \overset{r_1-2r_2}{\underset{\substack{r_3-3r_2 \\ r_4-2r_2}}{\sim}} \begin{pmatrix} 0 & -1 & 1 & 1 & 1 \\ 1 & 2 & 0 & -2 & -4 \\ 0 & -8 & 8 & 9 & 12 \\ 0 & -7 & 7 & 8 & 11 \end{pmatrix} \overset{r_2+2r_1}{\underset{\substack{r_3-8r_1 \\ r_4-7r_1}}{\sim}}$$

$$\begin{pmatrix} 0 & -1 & 1 & 1 & 1 \\ 1 & 0 & 2 & 0 & -2 \\ 0 & 0 & 0 & 1 & 4 \\ 0 & 0 & 0 & 1 & 4 \end{pmatrix} \overset{r_1\leftrightarrow r_2}{\underset{\substack{r_2\times(-1) \\ r_4-r_3}}{\sim}} \begin{pmatrix} 1 & 0 & 2 & 0 & -2 \\ 0 & 1 & -1 & -1 & -1 \\ 0 & 0 & 0 & 1 & 4 \\ 0 & 0 & 0 & 0 & 0 \end{pmatrix} \overset{r_2+r_3}{\sim}$$

$$\begin{pmatrix}1&0&2&0&-2\\0&1&-1&0&3\\0&0&0&1&4\\0&0&0&0&0\end{pmatrix}$$

22. 在秩是 r 的矩阵中,有没有等于 0 的 $r-1$ 阶子式?有没有等于 0 的 r 阶子式?

解:在秩是 r 的矩阵中,可能存在等于 0 的 $r-1$ 阶子式,也可能存在等于 0 的 r 阶子式.

例如

$$\boldsymbol{\alpha}=\begin{pmatrix}1&0&0&0\\0&1&0&0\\0&0&1&0\\0&0&0&0\\0&0&0&0\end{pmatrix}$$

$R(\boldsymbol{\alpha})=3$,同时存在等于 0 的 3 阶子式和 2 阶子式.

23. 从矩阵 $\boldsymbol{A}$ 中划去一行得到矩阵 $\boldsymbol{B}$,问 $\boldsymbol{A},\boldsymbol{B}$ 的秩的关系怎样?

解:设 $R(\boldsymbol{B})=r$,且 $\boldsymbol{B}$ 的某个 r 阶子式 $D_r\neq 0$. 矩阵 $\boldsymbol{B}$ 是由矩阵 $\boldsymbol{A}$ 划去一行得到的,所以在 $\boldsymbol{A}$ 中能找到与 D_r 相同的 r 阶子式 $\overline{D_r}$,由于 $\overline{D_r}=D_r\neq 0$,故而 $R(\boldsymbol{A})\geqslant R(\boldsymbol{B})$.

24. 求作一个秩是 4 的方阵,它的两个行向量是 $(1,0,1,0,0)$,$(1,-1,0,0,0)$.

解:设 $\boldsymbol{\alpha}_1,\boldsymbol{\alpha}_2,\boldsymbol{\alpha}_3,\boldsymbol{\alpha}_4,\boldsymbol{\alpha}_5$ 为 5 维向量,且

$$\boldsymbol{\alpha}_1=(1,0,1,0,0)$$
$$\boldsymbol{\alpha}_2=(1,-1,0,0,0)$$

则所求方阵可为 $\boldsymbol{A}=\begin{pmatrix}\boldsymbol{\alpha}_1\\\boldsymbol{\alpha}_2\\\boldsymbol{\alpha}_3\\\boldsymbol{\alpha}_4\\\boldsymbol{\alpha}_5\end{pmatrix}$,秩为 4,不妨设

$$\begin{cases}\boldsymbol{\alpha}_3=(0,0,0,x_4,0)\\\boldsymbol{\alpha}_4=(0,0,0,0,x_5)\\\boldsymbol{\alpha}_5=(0,0,0,0,0)\end{cases}$$

取

$$x_4=x_5=1$$

故满足条件的一个方阵为

$$\begin{pmatrix}1&0&1&0&0\\1&-1&0&0&0\\0&0&0&1&0\\0&0&0&0&1\\0&0&0&0&0\end{pmatrix}$$

25. 求下列矩阵的秩，并求一个最高阶非零子式：

(1) $\begin{pmatrix} 3 & 1 & 0 & 2 \\ 1 & -1 & 2 & -1 \\ 1 & 3 & -4 & 4 \end{pmatrix}$；　　(2) $\begin{pmatrix} 3 & 2 & -1 & -3 & -1 \\ 2 & -1 & 3 & 1 & -3 \\ 7 & 0 & 5 & -1 & -8 \end{pmatrix}$；

(3) $\begin{pmatrix} 2 & 1 & 8 & 3 & 7 \\ 2 & -3 & 0 & 7 & -5 \\ 3 & -2 & 5 & 8 & 0 \\ 1 & 0 & 3 & 2 & 0 \end{pmatrix}$.

解：(1) $\begin{pmatrix} 3 & 1 & 0 & 2 \\ 1 & -1 & 2 & -1 \\ 1 & 3 & -4 & 4 \end{pmatrix} \overset{r_1 \leftrightarrow r_2}{\sim} \begin{pmatrix} 1 & -1 & 2 & -1 \\ 3 & 1 & 0 & 2 \\ 1 & 3 & -4 & 4 \end{pmatrix} \underset{r_3 - r_1}{\overset{r_2 - 3r_1}{\sim}}$

$\begin{pmatrix} 1 & -1 & 2 & -1 \\ 0 & 4 & -6 & 5 \\ 0 & 4 & -6 & 5 \end{pmatrix} \overset{r_3 - r_2}{\sim} \begin{pmatrix} 1 & -1 & 2 & -1 \\ 0 & 4 & -6 & 5 \\ 0 & 0 & 0 & 0 \end{pmatrix}$

秩为 2. 二阶子式 $\begin{vmatrix} 3 & 1 \\ 1 & -1 \end{vmatrix} = -4$

(2) $\begin{pmatrix} 3 & 2 & -1 & -3 & -2 \\ 2 & -1 & 3 & 1 & -3 \\ 7 & 0 & 5 & -1 & -8 \end{pmatrix} \underset{r_3 - 7r_1}{\overset{\substack{r_1 - r_2 \\ r_2 - 2r_1}}{\sim}} \begin{pmatrix} 1 & 3 & -4 & -4 & 1 \\ 0 & -7 & 11 & 9 & -5 \\ 0 & -21 & 33 & 27 & -15 \end{pmatrix} \overset{r_3 - 3r_2}{\sim}$

$\begin{pmatrix} 1 & 3 & -4 & -4 & 1 \\ 0 & -7 & 11 & 9 & -5 \\ 0 & 0 & 0 & 0 & 0 \end{pmatrix}$

秩为 2. 二阶子式 $\begin{vmatrix} 3 & 2 \\ 2 & -1 \end{vmatrix} = -7$

(3) $\begin{pmatrix} 2 & 1 & 8 & 3 & 7 \\ 2 & -3 & 0 & 7 & -5 \\ 3 & -2 & 5 & 8 & 0 \\ 1 & 0 & 3 & 2 & 0 \end{pmatrix} \underset{\substack{r_2 - 2r_4 \\ r_3 - 3r_4}}{\overset{r_1 - 2r_4}{\sim}} \begin{pmatrix} 0 & 1 & 2 & -1 & 7 \\ 0 & -3 & -6 & 3 & -5 \\ 0 & -2 & -4 & 2 & 0 \\ 1 & 0 & 3 & 2 & 0 \end{pmatrix} \underset{r_3 + 2r_1}{\overset{r_2 + 3r_1}{\sim}}$

$\begin{pmatrix} 0 & 1 & 2 & -1 & 7 \\ 0 & 0 & 0 & 0 & 16 \\ 0 & 0 & 0 & 0 & 14 \\ 1 & 0 & 3 & 2 & 0 \end{pmatrix} \underset{\substack{r_3 \div 14 \\ r_4 \div 16 \\ r_4 - r_3}}{\overset{\substack{r_1 \leftrightarrow r_2 \\ r_4 \leftrightarrow r_1}}{\sim}} \begin{pmatrix} 1 & 0 & 3 & 2 & 0 \\ 0 & 1 & 2 & -1 & 7 \\ 0 & 0 & 0 & 0 & 1 \\ 0 & 0 & 0 & 0 & 0 \end{pmatrix}$

秩为 3. 三阶子式 $\begin{vmatrix} 0 & 7 & -5 \\ 5 & 8 & 0 \\ 3 & 2 & 0 \end{vmatrix} = -5 \begin{vmatrix} 5 & 8 \\ 3 & 2 \end{vmatrix} = 70 \neq 0$

26. 试利用矩阵的初等变换，求下列方阵的逆矩阵：

(1) $\begin{pmatrix}3&2&1\\3&1&5\\3&2&3\end{pmatrix}$; (2) $\begin{pmatrix}3&-2&0&-1\\0&2&2&1\\1&-2&-3&-2\\0&1&2&1\end{pmatrix}$.

解:(1) $\begin{pmatrix}3&2&1&1&0&0\\3&1&5&0&1&0\\3&2&3&0&0&1\end{pmatrix}\sim\begin{pmatrix}3&2&1&1&0&0\\0&-1&4&-1&1&0\\0&0&2&-1&0&1\end{pmatrix}\sim$

$$\begin{pmatrix}3&2&0&\frac{3}{2}&0&-\frac{1}{2}\\0&-1&0&1&1&-2\\0&0&2&-1&0&1\end{pmatrix}\sim\begin{pmatrix}3&0&0&\frac{7}{2}&2&-\frac{9}{2}\\0&-1&0&1&1&-2\\0&0&1&-\frac{1}{2}&0&\frac{1}{2}\end{pmatrix}\sim$$

$$\begin{pmatrix}1&0&0&\frac{7}{6}&\frac{2}{3}&-\frac{3}{2}\\0&1&0&-1&-1&2\\0&0&1&-\frac{1}{2}&0&\frac{1}{2}\end{pmatrix}$$

故逆矩阵为

$$\begin{pmatrix}\frac{7}{6}&\frac{2}{3}&-\frac{3}{2}\\-1&-1&2\\-\frac{1}{2}&0&\frac{1}{2}\end{pmatrix}$$

(2) $\begin{pmatrix}3&-2&0&-1&1&0&0&0\\0&2&2&1&0&1&0&0\\1&-2&-3&-2&0&0&1&0\\0&1&2&1&0&0&0&1\end{pmatrix}\sim$

$$\begin{pmatrix}1&-2&-3&-2&0&0&1&0\\0&1&2&1&0&0&0&1\\0&4&9&5&1&0&-3&0\\0&2&2&1&0&1&0&0\end{pmatrix}\sim$$

$$\begin{pmatrix}1&-2&-3&-2&0&0&1&0\\0&1&2&1&0&0&0&1\\0&0&1&1&1&0&-3&-4\\0&0&-2&-1&0&1&0&-2\end{pmatrix}\sim$$

$$\begin{pmatrix}1&-2&-3&-2&0&0&1&0\\0&1&2&1&0&0&0&1\\0&0&1&1&1&0&-3&-4\\0&0&0&1&2&1&-6&-10\end{pmatrix}\sim$$

$$\begin{pmatrix} 1 & -2 & 0 & 0 & -1 & -1 & -2 & -2 \\ 0 & 1 & 0 & 0 & 0 & 1 & 0 & -1 \\ 0 & 0 & 1 & 0 & -1 & -1 & 3 & 6 \\ 0 & 0 & 0 & 1 & 2 & 1 & -6 & -10 \end{pmatrix} \sim$$

$$\begin{pmatrix} 1 & 0 & 0 & 0 & 1 & 1 & -2 & -4 \\ 0 & 1 & 0 & 0 & 0 & 1 & 0 & -1 \\ 0 & 0 & 1 & 0 & -1 & -1 & 3 & 6 \\ 0 & 0 & 0 & 1 & 2 & 1 & -6 & -10 \end{pmatrix}$$

故逆矩阵为

$$\begin{pmatrix} 1 & 1 & -2 & -4 \\ 0 & 1 & 0 & -1 \\ -1 & -1 & 3 & 6 \\ 2 & 1 & -6 & -10 \end{pmatrix}$$

27. 判断非齐次线性方程组 $\begin{cases} x_1 - 2x_2 + 3x_3 - x_4 = 2 \\ 3x_1 - x_2 + 5x_3 - 3x_4 = 6 \\ 2x_1 + x_2 + 2x_3 - 2x_4 = 8 \\ 5x_2 - 4x_3 + 5x_4 = 7 \end{cases}$ 是否有解?

解:用初等行变换化其增广矩阵

$$\boldsymbol{B} = \begin{pmatrix} 1 & -2 & 3 & -1 & 2 \\ 3 & -1 & 5 & -3 & 6 \\ 2 & 1 & 2 & -2 & 8 \\ 0 & 5 & -4 & 5 & 7 \end{pmatrix} \sim \begin{pmatrix} 1 & -2 & 3 & -1 & 2 \\ 0 & 5 & -4 & 0 & 0 \\ 0 & 5 & -4 & 0 & 4 \\ 0 & 5 & -4 & 5 & 7 \end{pmatrix} \sim$$

$$\begin{pmatrix} 1 & -2 & 3 & -1 & 2 \\ 0 & 5 & -4 & 0 & 0 \\ 0 & 0 & 0 & 5 & 7 \\ 0 & 0 & 0 & 0 & 4 \end{pmatrix}$$

由此可知,$R(\boldsymbol{A}) = 3, R(\boldsymbol{B}) = 4$, 即 $R(\boldsymbol{A}) \neq R(\boldsymbol{B})$,因此方程组无解.

28. a,b 取何值时,非齐次线性方程组

$$\begin{cases} x_1 + x_2 + x_3 + x_4 = 1 \\ x_2 - x_3 + 2x_4 = 1 \\ 2x_1 + 3x_2 + (a+2)x_3 + 4x_4 = b + 3 \\ 3x_1 + 5x_2 + x_3 + (a+8)x_4 = 5 \end{cases}$$

(1) 有唯一解;(2) 无解;(3) 有无穷多个解?

解:用初等行变换把增广矩阵化为行阶梯形矩阵

$$\boldsymbol{B} = \begin{pmatrix} 1 & 1 & 1 & 1 & 1 \\ 0 & 1 & -1 & 2 & 1 \\ 2 & 3 & a+2 & 4 & b+3 \\ 3 & 5 & 1 & a+8 & 5 \end{pmatrix} \sim \begin{pmatrix} 1 & 1 & 1 & 1 & 1 \\ 0 & 1 & -1 & 2 & 1 \\ 0 & 1 & a & 2 & b+1 \\ 0 & 2 & -2 & a+5 & 2 \end{pmatrix} \sim$$

$$\begin{pmatrix}1&1&1&1&1\\0&1&-1&2&1\\0&0&a+1&0&b\\0&0&0&a+1&0\end{pmatrix}$$

由此可知：

(1) 当 $a\neq -1$ 时，$R(A)=R(B)=4$，方程组有唯一解；

(2) 当 $a=-1,b\neq 0$ 时，$R(A)=2$，而 $R(B)=3$，方程组无解；

(3) 当 $a=-1,b=0$ 时，$R(A)=R(B)=2$，方程组有无穷多个解.

29.求解下列非齐次线性方程组：

(1) $\begin{cases}2x_1+x_2+x_3=2\\x_1+3x_2+x_3=5\\x_1+x_2+5x_3=-7\\2x_1+3x_2-3x_3=14\end{cases}$；

(2) $\begin{cases}x_1+3x_2-3x_3=2\\3x_1-x_2+2x_3=3;\\4x_1+2x_2-x_3=2\end{cases}$

(3) $\begin{cases}x_1-x_2-x_3-3x_4=-2\\x_1-x_2+x_3+5x_4=4\\-4x_1+4x_2+x_3=-1\end{cases}$.

解：(1) 可得

$$\bar{A}=\begin{pmatrix}2&1&1&2\\1&3&1&5\\1&1&5&-7\\2&3&-3&14\end{pmatrix}\xrightarrow{r_1\leftrightarrow r_2}\begin{pmatrix}1&3&1&5\\2&1&1&2\\1&1&5&-7\\2&3&-3&14\end{pmatrix}\xrightarrow[\substack{r_3-r_1\\r_4-2r_1}]{r_2-2r_1}$$

$$\begin{pmatrix}1&3&1&5\\0&-5&-1&-8\\0&-2&4&-12\\0&-3&-5&4\end{pmatrix}\xrightarrow[r_2\leftrightarrow r_3]{(-\frac{1}{2})\times r_3}$$

$$\begin{pmatrix}1&3&1&5\\0&1&-2&6\\0&-5&-1&-8\\0&-3&-5&4\end{pmatrix}\xrightarrow[r_4+3r_2]{r_3+5r_2}$$

$$\begin{pmatrix}1&3&1&5\\0&1&-2&6\\0&0&-11&22\\0&0&-11&22\end{pmatrix}\xrightarrow[(-\frac{1}{11})\times r_3]{r_4-r_3}$$

$$\begin{pmatrix}1&3&1&5\\0&1&-2&6\\0&0&1&-2\\0&0&0&0\end{pmatrix}\xrightarrow[r_1-r_3]{r_2+2r_3}$$

$$\begin{pmatrix}1&3&0&7\\0&1&0&2\\0&0&1&-2\\0&0&0&0\end{pmatrix}\xrightarrow{r_1-3r_2}$$

$$\begin{pmatrix}1&0&0&1\\0&1&0&2\\0&0&1&-2\\0&0&0&0\end{pmatrix}$$

可得

$$R(\boldsymbol{A})=R(\bar{\boldsymbol{A}})=3$$

而 $n=3$,故方程组有解,且解唯一

$$x_1=1,x_2=2,x_3=-2$$

(2) 可得

$$\bar{\boldsymbol{A}}=\begin{pmatrix}1&3&-3&2\\3&-1&2&3\\4&2&-1&2\end{pmatrix}\xrightarrow[r_3-4r_1]{r_2-3r_1}\begin{pmatrix}1&3&-3&2\\0&-10&8&-3\\0&-10&8&-4\end{pmatrix}\xrightarrow{r_3-r_2}$$

$$\begin{pmatrix}1&3&-3&2\\0&-10&8&-3\\0&0&0&-1\end{pmatrix}$$

可得 $R(\boldsymbol{A})=2,R(\bar{\boldsymbol{A}})=3$,故方程组无解.

(3) 可得

$$\bar{\boldsymbol{A}}=\begin{pmatrix}1&-1&-1&-3&-2\\1&-1&1&5&4\\-4&4&1&0&-1\end{pmatrix}\xrightarrow[r_3+4r_1]{r_2-r_1}\begin{pmatrix}1&-1&-1&-3&-2\\0&0&2&8&6\\0&0&-3&-12&-9\end{pmatrix}\xrightarrow{\frac{1}{2}\times r_2}$$

$$\begin{pmatrix}1&-1&-1&-3&-2\\0&0&1&4&3\\0&0&-3&-12&-9\end{pmatrix}\xrightarrow[r_3+3r_2]{r_1+r_2}\begin{pmatrix}1&-1&0&1&1\\0&0&1&4&3\\0&0&0&0&0\end{pmatrix}$$

可得 $R(\boldsymbol{A})=R(\bar{\boldsymbol{A}})=2$,而 $n=4$,故方程组有无穷多解,通解中含有 $4-2=2$ 个任意常数.

与原方程组同解的方程组为

$$\begin{cases}x_1-x_2+x_4=1\\x_3+4x_4=3\end{cases}$$

取 x_2,x_4 为自由未知量(一般取行最简形矩阵非零行的第一个非零元对应的未知量为非自由的),令 $x_2=c_1,x_4=c_2$,则方程组的全部解(通解)为

$$\begin{cases}x_1=1+c_1-c_2\\x_2=c_1\\x_3=3-4c_2\\x_4=c_2\end{cases}\quad(c_1,c_2\text{为任意常数})$$

或写成(向量)形式

$$\begin{pmatrix}x_1\\x_2\\x_3\\x_4\end{pmatrix}=\begin{pmatrix}1\\0\\3\\0\end{pmatrix}+c_1\begin{pmatrix}1\\1\\0\\0\end{pmatrix}+c_2\begin{pmatrix}-1\\0\\-4\\1\end{pmatrix}\quad(c_1,c_2\text{为任意常数})$$

30. 当 k 取何值时,线性方程组

$$\begin{cases}kx_1+x_2+x_3=1\\x_1+kx_2+x_3=k\\x_1+x_2+kx_3=k^2\end{cases}$$

(1) 有唯一解?(2) 无解?(3) 有无穷多解?有解时求出全部解.

解:方程组的系数矩阵与增广矩阵分别为

$$\boldsymbol{A}=\begin{pmatrix}k&1&1\\1&k&1\\1&1&k\end{pmatrix}$$

$$\bar{\boldsymbol{A}}=\begin{pmatrix}k&1&1&1\\1&k&1&k\\1&1&k&k^2\end{pmatrix}$$

(1) 当 $R(\boldsymbol{A})=R(\bar{\boldsymbol{A}})=3$,即当 $|\boldsymbol{A}|\neq0$ 时,方程组有唯一解.

由已知,有

$$|\boldsymbol{A}|=\begin{vmatrix}k&1&1\\1&k&1\\1&1&k\end{vmatrix}=(k-1)^2(k+2)$$

所以当 $k\neq1$ 且 $k\neq-2$ 时,方程组有唯一解.由于

$$D_1=\begin{vmatrix}1&1&1\\k&k&1\\k^2&1&k\end{vmatrix}=-(k-1)^2(k+1)$$

$$D_2=\begin{vmatrix}k&1&1\\1&k&1\\1&k^2&k\end{vmatrix}=(k-1)^2$$

$$D_3=\begin{vmatrix}k&1&1\\1&k&k\\1&1&k^2\end{vmatrix}=(k-1)^2(k+1)^2$$

根据克莱姆法则,得到唯一解

$$x_1=\frac{D_1}{|\boldsymbol{A}|}=-\frac{k+1}{k+2},x_2=\frac{D_2}{|\boldsymbol{A}|}=\frac{1}{k+2},x_3=\frac{D_3}{|\boldsymbol{A}|}=\frac{(k+1)^2}{k+2}$$

(2) 当 $k=-2$ 时

$$\bar{A}=\begin{pmatrix}-2&1&1&1\\1&-2&1&-2\\1&1&-2&4\end{pmatrix}\xrightarrow[r_1+2r_2]{r_3+r_2+r_1}\begin{pmatrix}0&-3&3&-3\\1&-2&1&-2\\0&0&0&3\end{pmatrix}\xrightarrow{r_1\leftrightarrow r_2}$$

$$\begin{pmatrix}1&-2&1&-2\\0&-3&3&-3\\0&0&0&3\end{pmatrix}$$

可得 $R(\boldsymbol{A})=2,R(\bar{\boldsymbol{A}})=3$,故方程组无解.

(3) 当 $k=1$ 时

$$\bar{\boldsymbol{A}}=\begin{pmatrix}1&1&1&1\\1&1&1&1\\1&1&1&1\end{pmatrix}\longrightarrow\begin{pmatrix}1&1&1&1\\0&0&0&0\\0&0&0&0\end{pmatrix}$$

可得 $R(\boldsymbol{A})=R(\bar{\boldsymbol{A}})=1<3$,故方程组有无穷多解,通解中含有 $3-1=2$ 个任意常数.

令 $x_2=c_1,x_3=c_2$,则方程组通解为

$$\begin{cases}x_1=1-c_1-c_2\\x_2=c_1\\x_3=c_2\end{cases}\qquad(c_1,c_2\text{ 为任意常数})$$

或

$$\begin{pmatrix}x_1\\x_2\\x_3\end{pmatrix}=\begin{pmatrix}1\\0\\0\end{pmatrix}+c_1\begin{pmatrix}-1\\1\\0\end{pmatrix}+c_2\begin{pmatrix}-1\\0\\1\end{pmatrix}\quad(c_1,c_2\text{ 为任意常数})$$

31. 三元齐次线性方程组 $\begin{cases}x_1-x_2+5x_3=0\\x_1+x_2-2x_3=0\\3x_1-x_2+8x_3=0\\x_1+3x_2-9x_3=0\end{cases}$ 是否有非零解?

解:由

$$\boldsymbol{A}=\begin{pmatrix}1&-1&5\\1&1&-2\\3&-1&8\\1&3&-9\end{pmatrix}\sim\begin{pmatrix}1&-1&5\\0&2&-7\\0&2&-7\\0&4&-14\end{pmatrix}\sim\begin{pmatrix}1&-1&5\\0&2&-7\\0&0&0\\0&0&0\end{pmatrix}$$

可知 $R(\boldsymbol{A})=2$. 因为 $R(\boldsymbol{A})=2<3$,所以此齐次线性方程组有非零解.

32. 当 λ 取何值时,齐次线性方程组 $\begin{cases}3x_1+x_2-x_3=0\\3x_1+2x_2+3x_3=0\\x_2+\lambda x_3=0\end{cases}$ 有非零解.

解:用初等行变换化系数矩阵

$$A=\begin{pmatrix}3&1&-1\\3&2&3\\0&1&\lambda\end{pmatrix}\sim\begin{pmatrix}3&1&-1\\0&1&4\\0&1&\lambda\end{pmatrix}\sim\begin{pmatrix}3&1&-1\\0&1&4\\0&0&\lambda-4\end{pmatrix}$$

可知,当 $\lambda=4$ 时, $R(A)=2<3$.所以,当 $\lambda=4$ 时,此齐次线性方程组有非零解.

33. 求解下列齐次线性方程组:

(1) $\begin{cases}x_1+2x_2-3x_3=0\\2x_1+5x_2+2x_3=0\\3x_1-x_2-4x_3=0\\4x_1+9x_2-4x_3=0\end{cases}$;

(2) $\begin{cases}x_1+2x_2+x_3-x_4=0\\3x_1+6x_2-x_3-3x_4=0\\5x_1+10x_2+x_3-5x_4=0\end{cases}$.

解:(1) 可得

$$A=\begin{pmatrix}1&2&-3\\2&5&2\\3&-1&-4\\4&9&-4\end{pmatrix}\xrightarrow[r_4-4r_1]{\substack{r_2-2r_1\\r_3-3r_1}}\begin{pmatrix}1&2&-3\\0&1&8\\0&-7&5\\0&1&8\end{pmatrix}\xrightarrow[r_4-r_2]{r_3+7r_2}\begin{pmatrix}1&2&-3\\0&1&8\\0&0&61\\0&0&0\end{pmatrix}$$

可得 $R(A)=3$,而 $n=3$,故方程组只有零解

$$x_1=0,x_2=0,x_3=0$$

(2) 可得

$$A=\begin{pmatrix}1&2&1&-1\\3&6&-1&-3\\5&10&1&-5\end{pmatrix}\xrightarrow[r_3-5r_1]{r_2-3r_1}\begin{pmatrix}1&2&1&-1\\0&0&-4&0\\0&0&-4&0\end{pmatrix}\xrightarrow[(-\frac{1}{4})\times r_2]{r_3-r_2}$$

$$\begin{pmatrix}1&2&1&-1\\0&0&1&0\\0&0&0&0\end{pmatrix}\xrightarrow{r_1-r_2}\begin{pmatrix}1&2&0&-1\\0&0&1&0\\0&0&0&0\end{pmatrix}$$

可得 $R(A)=2$,而 $n=4$,故方程组有非零解,通解中含有 $4-2=2$ 个任意常数 .

原方程组的同解方程组为

$$\begin{cases}x_1+2x_2-x_4=0\\x_3=0\end{cases}$$

取 x_2,x_4 为自由未知量(一般取行最简形矩阵非零行的第一个非零元对应的未知量为非自由的),令 $x_2=c_1,x_4=c_2$,则方程组的全部解(通解) 为

$$\begin{cases} x_1 = -2c_1 + c_2 \\ x_2 = c_1 \\ x_3 = 0 \\ x_4 = c_2 \end{cases}$$

或写成(向量)形式

$$\begin{pmatrix} x_1 \\ x_2 \\ x_3 \\ x_4 \end{pmatrix} = c_1 \begin{pmatrix} -2 \\ 1 \\ 0 \\ 0 \end{pmatrix} + c_2 \begin{pmatrix} 1 \\ 0 \\ 0 \\ 1 \end{pmatrix} \quad (c_1, c_2 \text{ 为任意常数})$$

34.(1) 设 $\boldsymbol{A} = \begin{pmatrix} 4 & 1 & -2 \\ 2 & 2 & 1 \\ 3 & 1 & -1 \end{pmatrix}$, $\boldsymbol{B} = \begin{pmatrix} 1 & -3 \\ 2 & 2 \\ 3 & -1 \end{pmatrix}$,求 $\boldsymbol{X}$ 使 $\boldsymbol{AX} = \boldsymbol{B}$;

(2) 设 $\boldsymbol{A} = \begin{pmatrix} 0 & 2 & 1 \\ 2 & -1 & 3 \\ -3 & 3 & -4 \end{pmatrix}$, $\boldsymbol{B} = \begin{pmatrix} 1 & 2 & 3 \\ 2 & -3 & 1 \end{pmatrix}$,求 $\boldsymbol{X}$ 使 $\boldsymbol{XA} = \boldsymbol{B}$.

解:(1) 可得

$$(\boldsymbol{A} \vdots \boldsymbol{B}) = \left(\begin{array}{ccc:cc} 4 & 1 & -2 & 1 & -3 \\ 2 & 2 & 1 & 2 & 2 \\ 3 & 1 & -1 & 3 & -1 \end{array}\right) \overset{\text{初等行变换}}{\sim} \left(\begin{array}{ccc:cc} 1 & 0 & 0 & 10 & 2 \\ 0 & 1 & 0 & -15 & -3 \\ 0 & 0 & 1 & 12 & 4 \end{array}\right)$$

所以

$$\boldsymbol{X} = \boldsymbol{A}^{-1}\boldsymbol{B} = \begin{pmatrix} 10 & 2 \\ -15 & -3 \\ 12 & 4 \end{pmatrix}$$

(2) 可得

$$\begin{pmatrix} \boldsymbol{A} \\ \cdots \\ \boldsymbol{B} \end{pmatrix} = \left(\begin{array}{ccc} 0 & 2 & 1 \\ 2 & -1 & 3 \\ -3 & 3 & -4 \\ \hdashline 1 & 2 & 3 \\ 2 & -3 & 1 \end{array}\right) \overset{\text{初等列变换}}{\sim} \left(\begin{array}{ccc} 1 & 0 & 0 \\ 0 & 1 & 0 \\ 0 & 0 & 1 \\ \hdashline 2 & -1 & -1 \\ -4 & 7 & 4 \end{array}\right)$$

所以

$$\boldsymbol{X} = \boldsymbol{B}\boldsymbol{A}^{-1} = \begin{pmatrix} 2 & -1 & -1 \\ -4 & 7 & 4 \end{pmatrix}$$

35. 取 $\boldsymbol{A} = \boldsymbol{B} = -\boldsymbol{C} = \boldsymbol{D} = \begin{pmatrix} 1 & 0 \\ 0 & 1 \end{pmatrix}$,验证 $\begin{vmatrix} \boldsymbol{A} & \boldsymbol{B} \\ \boldsymbol{C} & \boldsymbol{D} \end{vmatrix} \neq \begin{vmatrix} |\boldsymbol{A}| & |\boldsymbol{B}| \\ |\boldsymbol{C}| & |\boldsymbol{D}| \end{vmatrix}$.

检验

$$\begin{vmatrix} \boldsymbol{A} & \boldsymbol{B} \\ \boldsymbol{C} & \boldsymbol{D} \end{vmatrix} = \begin{vmatrix} 1 & 0 & 1 & 0 \\ 0 & 1 & 0 & 1 \\ -1 & 0 & 1 & 0 \\ 0 & -1 & 0 & 1 \end{vmatrix} = \left|\begin{array}{cc:cc} 2 & 0 & 0 & 0 \\ 0 & 2 & 0 & 0 \\ \hdashline -1 & 0 & 1 & 0 \\ 0 & -1 & 0 & 1 \end{array}\right| = \begin{vmatrix} 2 & 0 \\ 0 & 2 \end{vmatrix} \begin{vmatrix} 1 & 0 \\ 0 & 1 \end{vmatrix} = 4$$

而
$$\begin{vmatrix} |A| & |B| \\ |C| & |D| \end{vmatrix} = \begin{vmatrix} 1 & 1 \\ 1 & 1 \end{vmatrix} = 0$$

故
$$\begin{vmatrix} A & B \\ C & D \end{vmatrix} \neq \begin{vmatrix} |A| & |B| \\ |C| & |D| \end{vmatrix}$$

36.设 $A = \begin{pmatrix} 3 & 4 & & \\ 4 & -3 & & \\ & & 2 & 0 \\ & & 2 & 2 \end{pmatrix}$,求 $|A^8|$ 及 A^4.

解:由已知
$$A = \begin{pmatrix} 3 & 4 & & \\ 4 & -3 & & \\ & & 2 & 0 \\ & & 2 & 2 \end{pmatrix}$$

令
$$A_1 = \begin{pmatrix} 3 & 4 \\ 4 & -3 \end{pmatrix}, A_2 = \begin{pmatrix} 2 & 0 \\ 2 & 2 \end{pmatrix}$$

则
$$A = \begin{pmatrix} A_1 & 0 \\ 0 & A_2 \end{pmatrix}$$

故
$$A^8 = \begin{pmatrix} A_1 & 0 \\ 0 & A_2 \end{pmatrix}^8 = \begin{pmatrix} A_1^8 & 0 \\ 0 & A_2^8 \end{pmatrix}$$
$$|A^8| = |A_1^8||A_2^8| = |A_1|^8 |A_2|^8 = 10^{16}$$
$$A^4 = \begin{pmatrix} A_1^4 & 0 \\ 0 & A_2^4 \end{pmatrix} = \begin{pmatrix} 5^4 & 0 & & \\ 0 & 5^4 & & \\ & & 2^4 & 0 \\ & & 2^6 & 2^4 \end{pmatrix}$$

37.设 n 阶矩阵 A 及 s 阶矩阵 B 都可逆,求 $\begin{pmatrix} 0 & A \\ B & 0 \end{pmatrix}^{-1}$.

解:将
$$\begin{pmatrix} 0 & A \\ B & 0 \end{pmatrix}^{-1}$$
分块为
$$\begin{pmatrix} C_1 & C_2 \\ C_3 & C_4 \end{pmatrix}$$
其中,C_1 为 $s \times n$ 矩阵,C_2 为 $s \times s$ 矩阵,C_3 为 $n \times n$ 矩阵,C_4 为 $n \times s$ 矩阵,则
$$\begin{pmatrix} 0 & A_{n\times n} \\ B_{s\times s} & 0 \end{pmatrix}\begin{pmatrix} C_1 & C_2 \\ C_3 & C_4 \end{pmatrix} = E = \begin{pmatrix} E_n & 0 \\ 0 & E_s \end{pmatrix}$$
由此得到

$$\begin{cases} AC_3 = E_n \Rightarrow C_3 = A^{-1} \\ AC_4 = 0 \Rightarrow C_4 = 0 \quad (A^{-1}\text{存在}) \\ BC_1 = 0 \Rightarrow C_1 = 0 \quad (B^{-1}\text{存在}) \\ BC_2 = E_s \Rightarrow C_2 = B^{-1} \end{cases}$$

故

$$\begin{pmatrix} 0 & A \\ B & 0 \end{pmatrix}^{-1} = \begin{pmatrix} 0 & B^{-1} \\ A^{-1} & 0 \end{pmatrix}$$

2.4　验收测试题

一、填空题

1.设$\begin{pmatrix} 2 & 5 \\ 1 & 3 \end{pmatrix} X = \begin{pmatrix} 4 & -6 \\ 2 & 1 \end{pmatrix}$,则 $X =$ ________.

2.已知矩阵 $A = \begin{pmatrix} 1 & 1 & 2 & -2 \\ 1 & 3 & -x & -2x \\ 1 & -1 & 6 & 0 \end{pmatrix}$的秩为2,则 $x =$ ________.

3.设 A 为5阶方阵,且 $|A| = 3$,则 $|A^*| =$ ________.

4.设 A,B 为 n 阶矩阵,且 $|A| = 2$, $|B| = -3$, A^* 为 A 的伴随矩阵,则 $|2A^*B^{-1}| =$ ________.

5.如果$\begin{cases} kx + z = 0 \\ 2x + ky + z = 0 \\ kx - 2y + z = 0 \end{cases}$有非零解,则 $k =$ ________.

二、选择题

1.设 A 为3阶方阵,$R(A)$,则(　　).

A.$R(A^*) = 0$　　B.$R(A^*) = 1$　　C.$R(A^*) = 2$　　D.$R(A^*) = 3$

2.设 A 是 $m \times k$ 矩阵,B 是 $k \times n$ 矩阵,C 是 $n \times m$ 矩阵,则下列运算中无意义的是(　　).

A.ABC　　B.BCA　　C.$A^{\mathrm{T}} + BC$　　D.$A + BC$

3.设 A 是4阶矩阵,则 $|-A| =$ (　　).

A. $-4|A|$　　B. $|A|$

C.$4|A|$　　D. $-|A|$

4.设 A 为 n 阶可逆矩阵,下列运算中正确的是(　　).

A.$(A^{\mathrm{T}})^{-1} = A$　　B.$[(A^{\mathrm{T}})^{\mathrm{T}}]^{-1} = [(A^{-1})^{-1}]^{\mathrm{T}}$

C.$(2A)^{\mathrm{T}} = 2A^{\mathrm{T}}$　　D.$(3A)^{-1} = 3A^{-1}$

5.设 A,B 均为 n 阶矩阵,则下列结论成立的是(　　).

A.$AB \neq 0 \Leftrightarrow A \neq 0$ 且 $B \neq 0$　　B.$A = E \Leftrightarrow |A| = 1$

C.$|A| = 0 \Leftrightarrow A = 0$　　D.$|AB| = 0 \Leftrightarrow |A| = 0$ 或 $|B| = 0$

三、计算题

1. 设 $\boldsymbol{A}=\begin{pmatrix}1&2&1\\2&1&2\end{pmatrix}$，$\boldsymbol{B}=\begin{pmatrix}4&3&2\\-2&1&-2\end{pmatrix}$，求：$3\boldsymbol{A}-2\boldsymbol{B}$.

2. 设 $\boldsymbol{A}=\begin{pmatrix}-1&1&1&-1\\1&-1&-1&1\\1&-1&-1&1\\-1&1&1&-1\end{pmatrix}$，求 $\boldsymbol{A}^6$.

3. 设 $\boldsymbol{A}=\begin{pmatrix}1&1&1\\0&1&1\\1&-1&0\end{pmatrix}$，$\boldsymbol{B}=\begin{pmatrix}2&2&6\\4&0&-2\\0&6&6\end{pmatrix}$，满足 $\boldsymbol{XA}=\boldsymbol{B}$，求矩阵 $\boldsymbol{X}$.

4. 设

$$\begin{cases}(2-\lambda)x_1+2x_2-2x_3=1\\2x_1+(5-\lambda)x_2-4x_3=2\\-2x_1-4x_2+(5-\lambda)x_3=-\lambda-1\end{cases}$$

问 λ 为何值时此方程组有唯一解、无解或有无穷多解?并在有解时求其通解.

5. 设四元非齐次线性方程组的系数矩阵的秩为 3，已知 $\boldsymbol{\eta}_1,\boldsymbol{\eta}_2,\boldsymbol{\eta}_3$ 是它的三个解向量，且

$$\boldsymbol{\eta}_1=\begin{pmatrix}2\\3\\4\\5\end{pmatrix},\boldsymbol{\eta}_2+\boldsymbol{\eta}_3=\begin{pmatrix}1\\2\\3\\4\end{pmatrix}$$

求该方程组的通解.

四、证明题

设 $\boldsymbol{A}$ 为 n 阶方阵，且 $\boldsymbol{A}^2=\boldsymbol{A}$，试证：$R(\boldsymbol{A}-\boldsymbol{I})+R(\boldsymbol{A})=n$.

2.5 验收测试题答案

一、1. $\begin{pmatrix}2&-23\\0&8\end{pmatrix}$；2. 2；3. 81；4. $-\dfrac{2^{2n-1}}{3}$；5. -1

二、BDBCD

三、1. $\begin{pmatrix}-5&0&-1\\10&1&10\end{pmatrix}$；2. $\begin{pmatrix}2^{10}&-2^{10}&-2^{10}&2^{10}\\-2^{10}&2^{10}&2^{10}&-2^{10}\\-2^{10}&2^{10}&2^{10}&-2^{10}\\2^{10}&-2^{10}&-2^{10}&2^{10}\end{pmatrix}$；3. $\begin{pmatrix}-2&8&4\\2&-8&-2\\0&6&0\end{pmatrix}$

4. 当 $\lambda=10$ 时方程组无解.

当 $\lambda=1$ 时通解为 $\begin{pmatrix}x_1\\x_2\\x_3\end{pmatrix}=k_1\begin{pmatrix}-2\\1\\0\end{pmatrix}+k_2\begin{pmatrix}2\\0\\1\end{pmatrix}+\begin{pmatrix}1\\0\\0\end{pmatrix}$，其中 k_1,k_2 为任意实数.

5. 通解为 $\boldsymbol{x}=\begin{pmatrix}2\\3\\4\\5\end{pmatrix}+c\begin{pmatrix}3\\4\\5\\6\end{pmatrix}$,其中 c 为任意实数.

四、证明略.

第 3 章

n 维向量和线性方程组

3.1 内容提要

3.1.1 向量的概念

n 个有次序的数 $a_1, a_2, \cdots, a_n$ 所组成的数组称为一个 n 维向量,这 n 个数称为该向量的 n 个分量,第 i 个数 a_i 称为该向量的第 i 个分量.

分量均为实数的向量称为实向量,分量均为复数的向量称为复向量.

n 维向量可写成一行

$$(a_1, a_2, \cdots, a_n)$$

也可写成一列

$$\begin{pmatrix} a_1 \\ a_2 \\ \vdots \\ a_n \end{pmatrix}$$

分别称为 n 维行向量和 n 维列向量.

可见,n 维行向量和 n 维列向量也就是行矩阵和列矩阵,因此规定行向量与列向量都按照矩阵的运算规则进行运算.

我们规定:

(1) 分量全为零的向量,称为零向量,记作 $\mathbf{0}$,即 $\mathbf{0} = (0,0,\cdots,0)$.

注意,维数不同的零向量不相同.

(2) 向量以 $\boldsymbol{\alpha} = (a_1, a_2, \cdots, a_n)$ 各分量的相反数所组成的向量成为 $\boldsymbol{\alpha}$ 的负向量,记作 $-\boldsymbol{\alpha}$,即

$$-\boldsymbol{\alpha} = (-a_1, -a_2, \cdots, -a_n)$$

(3) 如果 $\boldsymbol{\alpha} = (a_1, a_2, \cdots, a_n)$,$\boldsymbol{\beta} = (b_1, b_2, \cdots, b_n)$,当 $a_i = b_i (i = 1,2,\cdots,n)$ 时,则称这两个向量相等.记作 $\boldsymbol{\alpha} = \boldsymbol{\beta}$.

3.1.2　向量组的概念

若干个同维数的列向量(或同维数的行向量)所组成的集合称为向量组.例如,一个 $m\times n$ 矩阵的全体列向量是一个含 n 个 m 维列向量的向量组,它的全体行向量是一个含 m 个 n 维行向量的向量组.

3.1.3　向量的线性组合

设有 n 维向量 $\boldsymbol{\beta}$ 与给定向量组 $\boldsymbol{A}:\boldsymbol{\alpha}_1,\boldsymbol{\alpha}_2,\cdots,\boldsymbol{\alpha}_m$,如果存在一组实数 $k_1,k_2,\cdots,k_m$,使

$$\boldsymbol{\beta}=k_1\boldsymbol{\alpha}_1+k_2\boldsymbol{\alpha}_2+\cdots+k_m\boldsymbol{\alpha}_m$$

称 $\boldsymbol{\beta}$ 为向量组 $\boldsymbol{A}:\boldsymbol{\alpha}_1,\boldsymbol{\alpha}_2,\cdots,\boldsymbol{\alpha}_m$ 的一个线性组合,$k_1,k_2,\cdots,k_m$ 称为这个线性组合的系数.或称向量 $\boldsymbol{\beta}$ 能由向量组 $\boldsymbol{A}:\boldsymbol{\alpha}_1,\boldsymbol{\alpha}_2,\cdots,\boldsymbol{\alpha}_m$ 线性表示.

向量 $\boldsymbol{\beta}$ 能由向量组 $\boldsymbol{A}:\boldsymbol{\alpha}_1,\boldsymbol{\alpha}_2,\cdots,\boldsymbol{\alpha}_m$ 线性表示的充分必要条件是线性方程组

$$x_1\boldsymbol{\alpha}_1+x_2\boldsymbol{\alpha}_2+\cdots+x_m\boldsymbol{\alpha}_m=\boldsymbol{\beta}$$

即

$$\boldsymbol{A}\boldsymbol{x}=\boldsymbol{\beta}$$

有解.这里 $\boldsymbol{A}=(\boldsymbol{\alpha}_1,\boldsymbol{\alpha}_2,\cdots,\boldsymbol{\alpha}_m)$.

3.1.4　线性相关与线性无关

设有向量组 $\boldsymbol{\alpha}_1,\boldsymbol{\alpha}_2,\cdots,\boldsymbol{\alpha}_m$,如果存在不全为零的数 $k_1,k_2,\cdots,k_m$,使得

$$k_1\boldsymbol{\alpha}_1+k_2\boldsymbol{\alpha}_2+\cdots+k_m\boldsymbol{\alpha}_m=\boldsymbol{0}$$

则称向量组 $\boldsymbol{\alpha}_1,\boldsymbol{\alpha}_2,\cdots,\boldsymbol{\alpha}_m$ 线性相关,否则称向量组 $\boldsymbol{\alpha}_1,\boldsymbol{\alpha}_2,\cdots,\boldsymbol{\alpha}_m$ 线性无关.

请注意:

(1) 单独一个零向量线性相关;

(2) 含有零向量的向量组线性相关;

(3) 单独一个非零向量线性无关;

(4) 含有2个向量的向量组 $\boldsymbol{A}:\boldsymbol{\alpha}_1,\boldsymbol{\alpha}_2$ 线性相关的充分必要条件是 $\boldsymbol{\alpha}_1,\boldsymbol{\alpha}_2$ 的分量对应成比例.

3.1.5　向量组的最大无关组

设向量组 $\boldsymbol{A}$,如果在 $\boldsymbol{A}$ 中能选出 r 个向量 $\boldsymbol{\alpha}_1,\boldsymbol{\alpha}_2,\cdots,\boldsymbol{\alpha}_r$,满足:

(1) 向量组 $\boldsymbol{A}$ 中 r 个向量 $\boldsymbol{\alpha}_1,\boldsymbol{\alpha}_2,\cdots,\boldsymbol{\alpha}_r$ 线性无关;

(2) 向量组 $\boldsymbol{A}$ 中任意 $r+1$ 个向量(如果 $\boldsymbol{A}$ 中有 $r+1$ 个向量)都线性相关;

那么称向量组 $\boldsymbol{\alpha}_1,\boldsymbol{\alpha}_2,\cdots,\boldsymbol{\alpha}_r$ 是向量组 $\boldsymbol{A}$ 的一个最大线性无关向量组(简称最大无关组).

最大无关组的等价定义:

设向量组 $\boldsymbol{A}$,如果在 $\boldsymbol{A}$ 中能选出 r 个向量 $\boldsymbol{\alpha}_1,\boldsymbol{\alpha}_2,\cdots,\boldsymbol{\alpha}_r$,满足:

(1) 向量组 $\boldsymbol{A}$ 中 r 个向量 $\boldsymbol{\alpha}_1,\boldsymbol{\alpha}_2,\cdots,\boldsymbol{\alpha}_r$ 线性无关;

(2) 向量组 $\boldsymbol{A}$ 中任一向量都能由向量组 $\boldsymbol{\alpha}_1,\boldsymbol{\alpha}_2,\cdots,\boldsymbol{\alpha}_r$ 线性表示;

那么称向量组 $\boldsymbol{\alpha}_1,\boldsymbol{\alpha}_2,\cdots,\boldsymbol{\alpha}_r$ 是向量组 $\boldsymbol{A}$ 的一个最大无关组.

请注意:

(1) 只含零向量的向量组没有最大无关组；

(2) 若向量组 $\boldsymbol{A}$ 有最大无关组，则它的最大无关组一般不是唯一的.

3.1.6 向量组的等价性

设有两个向量组 $\boldsymbol{A}:\boldsymbol{\alpha}_1,\boldsymbol{\alpha}_2,\cdots,\boldsymbol{\alpha}_m$ 及 $\boldsymbol{B}:\boldsymbol{\beta}_1,\boldsymbol{\beta}_2,\cdots,\boldsymbol{\beta}_l$，如果 $\boldsymbol{B}$ 中的每个向量都能由向量组 $\boldsymbol{A}$ 线性表示，则称向量组 $\boldsymbol{B}$ 能由向量组 $\boldsymbol{A}$ 线性表示. 如果 $\boldsymbol{A}$ 中的每个向量都能由向量组 $\boldsymbol{B}$ 线性表示，则称向量组 $\boldsymbol{A}$ 能由向量组 $\boldsymbol{B}$ 线性表示. 如果向量组 $\boldsymbol{A}$ 与向量组 $\boldsymbol{B}$ 相互线性表示，则称向量组 $\boldsymbol{A}$ 与向量组 $\boldsymbol{B}$ 等价. 向量组和它的最大无关组是等价的.

3.1.7 向量组的秩

向量组 $\boldsymbol{A}:\boldsymbol{\alpha}_1,\boldsymbol{\alpha}_2,\cdots,\boldsymbol{\alpha}_n$ 的最大无关组所含向量个数称为向量组 $\boldsymbol{A}$ 的秩. 记作 R_A 或 $R(\boldsymbol{\alpha}_1,\boldsymbol{\alpha}_2,\cdots,\boldsymbol{\alpha}_n)$. 如果一个向量组只含零向量，规定它的秩为 0.

等价的向量组有相同的秩.

3.1.8 向量空间的定义

设 V 是 $\mathbf{R}^n$ 的一个非空子集. 如果：

(1) 对任意的 $\boldsymbol{\alpha},\boldsymbol{\beta}\in V$，有 $\boldsymbol{\alpha}+\boldsymbol{\beta}\in V$；

(2) 对任意的 $\boldsymbol{\alpha}\in V,\lambda\in\mathbf{R}$，有 $\lambda\boldsymbol{\alpha}\in V$；

则称 V 是一个向量空间.

设有向量空间 V_1 及 V_2，若 $V_1\subset V_2$，则称 V_1 是 V_2 的子空间.

3.1.9 向量空间的基，维数，坐标

设 V 是一个向量空间，若 r 个向量 $\boldsymbol{\alpha}_1,\boldsymbol{\alpha}_2,\cdots,\boldsymbol{\alpha}_r\in V$. 且满足：

(1) $\boldsymbol{\alpha}_1,\boldsymbol{\alpha}_2,\cdots,\boldsymbol{\alpha}_r$ 线性无关；

(2) V 中任一向量都可由 $\boldsymbol{\alpha}_1,\boldsymbol{\alpha}_2,\cdots,\boldsymbol{\alpha}_r$ 线性表示；

则称向量组 $\boldsymbol{\alpha}_1,\boldsymbol{\alpha}_2,\cdots,\boldsymbol{\alpha}_r$ 是向量空间 V 的一个基，r 称为向量空间 V 的维数，并称 V 是 r 维向量空间.

请注意：

(1) 若 $V=\{\mathbf{0}\}$，则向量空间 V 没有基，它的维数是 0；

(2) 若将向量空间 V 看做向量组，则由最大无关组的等价定义知，V 的基就是向量组的最大无关组，V 的维数就是向量组的秩.

设 V 是 r 维向量空间，$\boldsymbol{\alpha}_1,\boldsymbol{\alpha}_2,\cdots,\boldsymbol{\alpha}_r$ 是 V 的一个基，V 中任意向量 $\boldsymbol{\alpha}$ 可由 $\boldsymbol{\alpha}_1,\boldsymbol{\alpha}_2,\cdots,\boldsymbol{\alpha}_r$ 唯一地线性表示为

$$\boldsymbol{\alpha}=\lambda_1\boldsymbol{\alpha}_1+\lambda_2\boldsymbol{\alpha}_2+\cdots+\lambda_r\boldsymbol{\alpha}_r$$

数组 $\lambda_1,\lambda_2,\cdots,\lambda_r$ 称为向量 $\boldsymbol{\alpha}$ 在基 $\boldsymbol{\alpha}_1,\boldsymbol{\alpha}_2,\cdots,\boldsymbol{\alpha}_r$ 中的坐标.

3.1.10 定理与公式

(1) 向量 $\boldsymbol{\beta}$ 能由向量组 $\boldsymbol{A}:\boldsymbol{\alpha}_1,\boldsymbol{\alpha}_2,\cdots,\boldsymbol{\alpha}_m$ 线性表示的充分必要条件是矩阵 $\boldsymbol{A}=$

$(\boldsymbol{\alpha}_1,\boldsymbol{\alpha}_2,\cdots,\boldsymbol{\alpha}_m)$的秩等于矩阵$\boldsymbol{B}=(\boldsymbol{\alpha}_1,\boldsymbol{\alpha}_2,\cdots,\boldsymbol{\alpha}_m,\boldsymbol{\beta})$的秩.

(2) 向量组$\boldsymbol{B}:\boldsymbol{\beta}_1,\boldsymbol{\beta}_2,\cdots,\boldsymbol{\beta}_l$能由向量组$\boldsymbol{A}:\boldsymbol{\alpha}_1,\boldsymbol{\alpha}_2,\cdots,\boldsymbol{\alpha}_m$线性表示的充分必要条件是

$$R(\boldsymbol{A})=R(\boldsymbol{A},\boldsymbol{B})$$

(3) 向量组$\boldsymbol{A}:\boldsymbol{\alpha}_1,\boldsymbol{\alpha}_2,\cdots,\boldsymbol{\alpha}_m$与向量组$\boldsymbol{B}:\boldsymbol{\beta}_1,\boldsymbol{\beta}_2,\cdots,\boldsymbol{\beta}_l$等价的充分必要条件是

$$R(\boldsymbol{A})=R(\boldsymbol{B})=R(\boldsymbol{A},\boldsymbol{B})$$

(4) 向量组 $\boldsymbol{B}:\boldsymbol{\beta}_1,\boldsymbol{\beta}_2,\cdots,\boldsymbol{\beta}_l$ 能由向量组 $\boldsymbol{A}:\boldsymbol{\alpha}_1,\boldsymbol{\alpha}_2,\cdots,\boldsymbol{\alpha}_m$ 线性表示，则 $R(\boldsymbol{B})\leqslant R(\boldsymbol{A})$.

(5) 向量组$\boldsymbol{A}:\boldsymbol{\alpha}_1,\boldsymbol{\alpha}_2,\cdots,\boldsymbol{\alpha}_m(m\geqslant 2)$线性相关的充分必要条件是在向量组$\boldsymbol{A}$中至少有一个向量能由其余$m-1$个向量线性表示.

(6) 向量组$\boldsymbol{A}:\boldsymbol{\alpha}_1,\boldsymbol{\alpha}_2,\cdots,\boldsymbol{\alpha}_m$线性相关的充分必要条件是齐次线性方程组

$$x_1\boldsymbol{\alpha}_1+x_2\boldsymbol{\alpha}_2+\cdots+x_m\boldsymbol{\alpha}_m=\boldsymbol{0}$$

即

$$\boldsymbol{A}\boldsymbol{x}=\boldsymbol{0}$$

有非零解.这里

$$\boldsymbol{A}=(\boldsymbol{\alpha}_1,\boldsymbol{\alpha}_2,\cdots,\boldsymbol{\alpha}_m),\boldsymbol{x}=(x_1,x_2,\cdots,x_m)^{\mathrm{T}}$$

(7) 若向量组$\boldsymbol{A}$有一个部分组线性相关,则向量组$\boldsymbol{A}$线性相关.

(8) m个$n(n<m)$维向量组成的向量组一定线性相关.

(9) 设向量组$\boldsymbol{A}:\boldsymbol{\alpha}_1,\boldsymbol{\alpha}_2,\cdots,\boldsymbol{\alpha}_m$线性无关,而向量组$\boldsymbol{B}:\boldsymbol{\alpha}_1,\boldsymbol{\alpha}_2,\cdots,\boldsymbol{\alpha}_m,\boldsymbol{\beta}$线性相关,则向量$\boldsymbol{\beta}$一定能由向量组$\boldsymbol{A}:\boldsymbol{\alpha}_1,\boldsymbol{\alpha}_2,\cdots,\boldsymbol{\alpha}_m$线性表示,且表示式是唯一的.

(10) 矩阵的秩等于它的列向量组的秩,也等于它的行向量组的秩.

若D_r是矩阵$\boldsymbol{A}$的一个最高阶的非零子式,则D_r所在的r列是$\boldsymbol{A}$的列向量组的一个最大无关组,D_r所在的r行是$\boldsymbol{A}$的行向量组的一个最大无关组.

3.1.11　基本概念

设有齐次线性方程组

$$\begin{cases} a_{11}x_1+a_{12}x_2+\cdots+a_{1n}x_n=0\\ a_{21}x_1+a_{22}x_2+\cdots+a_{2n}x_n=0\\ \qquad\vdots\\ a_{m1}x_1+a_{m2}x_2+\cdots+a_{mn}x_n=0 \end{cases} \tag{$*$}$$

记

$$\boldsymbol{A}=\begin{pmatrix} a_{11} & a_{12} & \cdots & a_{1n}\\ a_{21} & a_{22} & \cdots & a_{2n}\\ \vdots & \vdots & & \vdots\\ a_{m1} & a_{m2} & \cdots & a_{mn} \end{pmatrix},\boldsymbol{x}=(x_1,x_2,\cdots,x_n)^{\mathrm{T}}$$

则式$(*)$可写成

$$\boldsymbol{A}\boldsymbol{x}=\boldsymbol{0} \tag{$**$}$$

若$x_1=\xi_{11},x_2=\xi_{21},\cdots,x_n=\xi_{n1}$为方程组$(*)$的解,则

$$\boldsymbol{x}=(\xi_{11},\xi_{21},\cdots,\xi_{n1})^{\mathrm{T}}=\boldsymbol{\xi}_1$$

称为方程组$(*)$的解向量,它也就是方程$(**)$的解.

3.1.12 线性方程组解的性质

(1) 若 $\boldsymbol{x}=\boldsymbol{\xi}_1,\boldsymbol{x}=\boldsymbol{\xi}_2$ 是齐次线性方程组 $\boldsymbol{Ax}=\boldsymbol{0}$ 的解,则 $\boldsymbol{x}=\boldsymbol{\xi}_1+\boldsymbol{\xi}_2$ 也是它的解.

(2) 若 $\boldsymbol{x}=\boldsymbol{\xi}$ 是齐次线性方程组 $\boldsymbol{Ax}=\boldsymbol{0}$ 的解,$k\in\mathbf{R}$,则 $\boldsymbol{x}=k\boldsymbol{\xi}$ 也是它的解.

(3) 若 $\boldsymbol{x}=\boldsymbol{\eta}_1,\boldsymbol{x}=\boldsymbol{\eta}_2$ 是非齐次线性方程组 $\boldsymbol{Ax}=\boldsymbol{\beta}$ 的解,则 $\boldsymbol{x}=\boldsymbol{\eta}_1-\boldsymbol{\eta}_2$ 是与之对应的齐次线性方程组 $\boldsymbol{Ax}=\boldsymbol{0}$ 的解.

(4) 若 $\boldsymbol{x}=\boldsymbol{\eta}$ 是非齐次线性方程组 $\boldsymbol{Ax}=\boldsymbol{\beta}$ 的一个解,$\boldsymbol{x}=\boldsymbol{\xi}$ 是齐次线性方程组 $\boldsymbol{Ax}=\boldsymbol{0}$ 的解,则 $\boldsymbol{x}=\boldsymbol{\xi}+\boldsymbol{\eta}$ 是 $\boldsymbol{Ax}=\boldsymbol{\beta}$ 的解.

3.1.13 线性方程组的解的结构

(1) 如果齐次线性方程组 $\boldsymbol{Ax}=\boldsymbol{0}$ 的系数矩阵 $\boldsymbol{A}$ 的秩 $R(\boldsymbol{A})=r<n$,则 $\boldsymbol{Ax}=\boldsymbol{0}$ 的解空间 S 的维数为 $n-r$(或 $\boldsymbol{Ax}=\boldsymbol{0}$ 的基础解系存在,且基础解系含有 $n-r$ 个解向量).

(2) 如果 $\boldsymbol{\eta}^*$ 是非齐次线性方程组 $\boldsymbol{Ax}=\boldsymbol{\beta}$ 的一个解向量(也称特解),那么 $\boldsymbol{Ax}=\boldsymbol{\beta}$ 的通解可以写成

$$\boldsymbol{\eta}=\boldsymbol{\eta}^*+\boldsymbol{\xi}$$

其中 $\boldsymbol{\xi}$ 是与之对应的齐次线性方程组 $\boldsymbol{Ax}=\boldsymbol{0}$ 的通解.

3.2 典型题精解

3.2.1 讨论向量组的线性相关性

讨论向量组的线性相关性,主要方法有4种.

(1) 利用定义讨论　一般步骤为:假设有 $k_1,k_2,\cdots,k_s$ 使得

$$k_1\boldsymbol{\alpha}_1+k_2\boldsymbol{\alpha}_2+\cdots+k_s\boldsymbol{\alpha}_s=\boldsymbol{0}$$

成立,根据已知条件推断,若 $k_1,k_2,\cdots,k_s$ 至少有一个不为零,则 $\boldsymbol{\alpha}_1,\boldsymbol{\alpha}_2,\cdots,\boldsymbol{\alpha}_s$ 线性相关;若当且仅当 $k_1,k_2,\cdots,k_s$ 全为零上式才成立,则 $\boldsymbol{\alpha}_1,\boldsymbol{\alpha}_2,\cdots,\boldsymbol{\alpha}_s$ 线性无关.

(2) 采用反证法讨论　反证法是讨论向量组线性相关性的重要方法.

(3) 结合矩阵的秩进行讨论　特别是当向量的个数与维数相等时可根据行列式的值进行判别.

(4) 利用向量组的等价性进行讨论.

例1　设向量组 $\boldsymbol{\alpha}_1=(1,1,1)^{\mathrm{T}},\boldsymbol{\alpha}_2=(1,2,3)^{\mathrm{T}},\boldsymbol{\alpha}_3=(1,3,t)^{\mathrm{T}}$.

(1) 问常数 t 满足什么条件时,向量组 $\boldsymbol{\alpha}_1,\boldsymbol{\alpha}_2,\boldsymbol{\alpha}_3$ 线性相关;

(2) 问常数 t 满足什么条件时,向量组 $\boldsymbol{\alpha}_1,\boldsymbol{\alpha}_2,\boldsymbol{\alpha}_3$ 线性无关.

解法一　利用定义讨论.

设有数 k_1,k_2,k_3 使得

$$k_1\boldsymbol{\alpha}_1+k_2\boldsymbol{\alpha}_2+k_3\boldsymbol{\alpha}_3=\boldsymbol{0}$$

即为

$$\begin{cases}\boldsymbol{\alpha}_1+\boldsymbol{\alpha}_2+\boldsymbol{\alpha}_3=\boldsymbol{0}\\ \boldsymbol{\alpha}_1+2\boldsymbol{\alpha}_2+3\boldsymbol{\alpha}_3=\boldsymbol{0}\\ \boldsymbol{\alpha}_1+3\boldsymbol{\alpha}_2+t\boldsymbol{\alpha}_3=\boldsymbol{0}\end{cases}$$

此齐次线性方程组的系数行列式

$$\begin{vmatrix}1&1&1\\1&2&3\\1&3&t\end{vmatrix}=t-5$$

故当 $t=5$ 时,方程组有非零解,向量组 $\boldsymbol{\alpha}_1,\boldsymbol{\alpha}_2,\boldsymbol{\alpha}_3$ 线性相关;当 $t\neq5$ 时,方程组有只有零解,向量组 $\boldsymbol{\alpha}_1,\boldsymbol{\alpha}_2,\boldsymbol{\alpha}_3$ 线性无关.

解法二　结合矩阵的秩进行讨论.

记 $\boldsymbol{A}=(\boldsymbol{\alpha}_1,\boldsymbol{\alpha}_2,\boldsymbol{\alpha}_3)$,则

$$|\boldsymbol{A}|=\begin{vmatrix}1&1&1\\1&2&3\\1&3&t\end{vmatrix}=t-5$$

当 $t=5$ 时,$|\boldsymbol{A}|=0,R(\boldsymbol{A})<3$,向量组 $\boldsymbol{\alpha}_1,\boldsymbol{\alpha}_2,\boldsymbol{\alpha}_3$ 线性相关; 当 $t\neq5$ 时,$|\boldsymbol{A}|\neq0$,$R(\boldsymbol{A})=3$,向量组 $\boldsymbol{\alpha}_1,\boldsymbol{\alpha}_2,\boldsymbol{\alpha}_3$ 线性无关.

3.2.2　向量组秩

(1) 利用向量组秩的定义讨论.

(2) 转化为矩阵的秩进行讨论.

(3) 利用等价向量组具有相同的秩进行讨论.

例 2　设向量组 $\boldsymbol{A}:\boldsymbol{\alpha}_1,\boldsymbol{\alpha}_2,\cdots,\boldsymbol{\alpha}_m$的秩为 $r(r>1)$,证明向量组

$\boldsymbol{B}:\boldsymbol{\beta}_1=\boldsymbol{\alpha}_2+\boldsymbol{\alpha}_3+\cdots+\boldsymbol{\alpha}_m,\boldsymbol{\beta}_2=\boldsymbol{\alpha}_1+\boldsymbol{\alpha}_3+\cdots+\boldsymbol{\alpha}_m,\boldsymbol{\beta}_m=\boldsymbol{\alpha}_1+\boldsymbol{\alpha}_2+\cdots+\boldsymbol{\alpha}_{m-1}$

的秩也为 r.

证　记　$\boldsymbol{A}=(\boldsymbol{\alpha}_1,\boldsymbol{\alpha}_2,\cdots,\boldsymbol{\alpha}_m),\boldsymbol{B}=(\boldsymbol{\beta}_1,\boldsymbol{\beta}_2,\cdots,\boldsymbol{\beta}_m)$

由题设知

$$\boldsymbol{B}=\boldsymbol{A}\boldsymbol{K}$$

其中

$$\boldsymbol{K}=\begin{pmatrix}0&1&1&\cdots&1\\1&0&1&\cdots&1\\1&1&0&\cdots&1\\\vdots&\vdots&\vdots&&\vdots\\1&1&1&\cdots&0\end{pmatrix}$$

因为 $|\boldsymbol{K}|\neq0$,所以 $\boldsymbol{K}$ 是可逆矩阵.于是

$$\boldsymbol{A}=\boldsymbol{B}\boldsymbol{K}^{-1}$$

综上,向量组 $\boldsymbol{A}$ 与 $\boldsymbol{B}$ 是等价的向量组.故

$$R_{\boldsymbol{B}}=R_{\boldsymbol{A}}=r$$

3.2.3　线性方程组求解问题

例 3　当 λ 取何值时,线性方程组

$$\begin{cases}(1+\lambda)x_1+x_2+x_3=0\\x_1+(1+\lambda)x_2+x_3=\lambda\\x_1+x_2+(1+\lambda)x_3=\lambda^2\end{cases}$$

无解?有唯一解?有无穷多解? 在方程组有无穷多解时,求出其通解.

解 对增广矩阵 $\boldsymbol{B}=(\boldsymbol{A},\boldsymbol{\beta})$ 施行初等行变换

$$\boldsymbol{B}=(\boldsymbol{A},\boldsymbol{\beta})=\begin{pmatrix}1+\lambda & 1 & 1 & 0\\ 1 & 1+\lambda & 1 & \lambda\\ 1 & 1 & 1+\lambda & \lambda^2\end{pmatrix}\xrightarrow{r_1\leftrightarrow r_3}$$

$$\begin{pmatrix}1 & 1 & 1+\lambda & \lambda^2\\ 1 & 1+\lambda & 1 & \lambda\\ 1+\lambda & 1 & 1 & 0\end{pmatrix}\xrightarrow[r_3-(1+\lambda)r_1]{r_2-r_1}$$

$$\begin{pmatrix}1 & 1 & 1+\lambda & \lambda^2\\ 0 & \lambda & -\lambda & \lambda-\lambda^2\\ 0 & -\lambda & -\lambda^2-2\lambda & -\lambda^2(1+\lambda)\end{pmatrix}\xrightarrow{r_3+r_2}$$

$$\begin{pmatrix}1 & 1 & 1+\lambda & \lambda^2\\ 0 & \lambda & -\lambda & \lambda-\lambda^2\\ 0 & 0 & -\lambda(\lambda+3) & \lambda(1-2\lambda-\lambda^2)\end{pmatrix}$$

当 $\lambda=-3$ 时

$$\boldsymbol{B}\xrightarrow{r}\begin{pmatrix}1 & 1 & -2 & 9\\ 0 & 1 & -1 & 4\\ 0 & 0 & 0 & 1\end{pmatrix},R(\boldsymbol{A})=2<R(\boldsymbol{B})=3$$

方程组无解.

当 $\lambda\neq 0$ 且 $\lambda\neq -3$ 时

$$R(\boldsymbol{A})=R(\boldsymbol{B})=3$$

方程组唯一解.

当 $\lambda=0$ 时

$$\boldsymbol{B}\xrightarrow{r}\begin{pmatrix}1 & 1 & 1 & 0\\ 0 & 0 & 0 & 0\\ 0 & 0 & 0 & 0\end{pmatrix}$$

方程组有无穷多解,其通解为

$$\boldsymbol{x}=k_1\boldsymbol{\xi}_1+k_2\boldsymbol{\xi}_2\quad(k_1,k_2\text{为任意实数})$$

其中

$$\boldsymbol{\xi}_1=(-1,1,0)^{\mathrm{T}},\boldsymbol{\xi}_2=(-1,0,1)^{\mathrm{T}}$$

3.3 同步题解析

1.(1) $\left(-\frac{7}{3},-\frac{5}{3},-4,-6\right)^{\mathrm{T}}$;(2) -8;(3) $k\neq 0,-3$;(4) $\frac{1}{4}$; (5) 2;(6) 1 ;(7) 1;(8) 2;(9) 7;(10) $-3,2$

2. ADCDCBDAAA

3.(1) 因为 $\boldsymbol{\alpha}_1 = (2,3)^{\mathrm{T}}, \boldsymbol{\alpha}_2 = (-1,2)^{\mathrm{T}}$ 的对应分量不成比例,所以此向量组线性无关.

(2) 解法一:记

$$\boldsymbol{A} = (\boldsymbol{\alpha}_1, \boldsymbol{\alpha}_2, \boldsymbol{\alpha}_3) = \begin{pmatrix} -1 & -1 & 1 \\ 0 & -2 & -2 \\ 2 & 7 & 3 \end{pmatrix}$$

对矩阵 $\boldsymbol{A}$ 施行初等行变换变为行阶梯形矩阵

$$\boldsymbol{A} = \begin{pmatrix} -1 & -1 & 1 \\ 0 & -2 & -2 \\ 2 & 7 & 3 \end{pmatrix} \xrightarrow{r_3 + 2r_1} \begin{pmatrix} -1 & -1 & 1 \\ 0 & -2 & -2 \\ 0 & 5 & 5 \end{pmatrix} \xrightarrow{r_3 + \frac{5}{2} r_2} \begin{pmatrix} -1 & -1 & 1 \\ 0 & -2 & -2 \\ 0 & 0 & 0 \end{pmatrix}$$

可见 $R(\boldsymbol{\alpha}_1, \boldsymbol{\alpha}_2, \boldsymbol{\alpha}_3) = 2 < 3$,故向量组 $\boldsymbol{\alpha}_1, \boldsymbol{\alpha}_2, \boldsymbol{\alpha}_3$ 线性相关.

解法二:因为 $\boldsymbol{\alpha}_2 = 2\boldsymbol{\alpha}_1 + \boldsymbol{\alpha}_3$,所以向量组 $\boldsymbol{\alpha}_1, \boldsymbol{\alpha}_2, \boldsymbol{\alpha}_3$ 线性相关.

(3) 记

$$\boldsymbol{A} = (\boldsymbol{\alpha}_1, \boldsymbol{\alpha}_2, \boldsymbol{\alpha}_3) = \begin{pmatrix} 2 & 3 & 6 \\ 4 & 5 & -7 \\ 1 & 2 & 8 \\ 1 & -1 & 3 \\ 0 & 1 & 9 \end{pmatrix}$$

对矩阵 $\boldsymbol{A}$ 施行初等行变换得到

$$\boldsymbol{A} = \begin{pmatrix} 2 & 3 & 6 \\ 4 & 5 & -7 \\ 1 & 2 & 8 \\ 1 & -1 & 3 \\ 0 & 1 & 9 \end{pmatrix} \xrightarrow{r_1 \leftrightarrow r_4} \begin{pmatrix} 1 & -1 & 3 \\ 4 & 5 & -7 \\ 1 & 2 & 8 \\ 2 & 3 & 6 \\ 0 & 1 & 9 \end{pmatrix} \xrightarrow{r_3 + \frac{5}{2} r_2} \begin{pmatrix} 1 & -1 & 3 \\ 0 & 9 & -19 \\ 0 & 3 & 5 \\ 0 & 5 & 0 \\ 0 & 1 & 9 \end{pmatrix}$$

因为

$$\begin{vmatrix} 1 & -1 & 3 \\ 0 & 3 & 5 \\ 0 & 5 & 0 \end{vmatrix} \neq 0$$

所以矩阵 $\boldsymbol{A}$ 有一个相应的三阶子式

$$\begin{vmatrix} 2 & 3 & 6 \\ 1 & 2 & 8 \\ 1 & -1 & 3 \end{vmatrix} \neq 0$$

故 $R(\boldsymbol{\alpha}_1, \boldsymbol{\alpha}_2, \boldsymbol{\alpha}_3) = 3$,因而向量组 $\boldsymbol{\alpha}_1, \boldsymbol{\alpha}_2, \boldsymbol{\alpha}_3$ 线性无关.

(4) 记

$$\boldsymbol{A} = (\boldsymbol{\alpha}_1, \boldsymbol{\alpha}_2, \boldsymbol{\alpha}_3, \boldsymbol{\alpha}_4) = \begin{pmatrix} 1 & 0 & 0 & -1 \\ 1 & 1 & 0 & 0 \\ 0 & 1 & 1 & 0 \\ 0 & 0 & 1 & 1 \end{pmatrix}$$

对矩阵 $\boldsymbol{A}$ 施行初等行变换变为行阶梯形矩阵

$$A=\begin{pmatrix}1&0&0&-1\\1&1&0&0\\0&1&1&0\\0&0&1&1\end{pmatrix}\xrightarrow{r_2-r_1}\begin{pmatrix}1&0&0&-1\\0&1&0&1\\0&1&1&0\\0&0&1&1\end{pmatrix}\xrightarrow{r_3-r_2}$$

$$\begin{pmatrix}1&0&0&-1\\0&1&0&1\\0&0&1&-1\\0&0&1&1\end{pmatrix}\xrightarrow{r_4-r_3}\begin{pmatrix}1&0&0&-1\\0&1&0&1\\0&0&1&-1\\0&0&0&2\end{pmatrix}$$

可见 $R(\boldsymbol{\alpha}_1,\boldsymbol{\alpha}_2,\boldsymbol{\alpha}_3,\boldsymbol{\alpha}_4)=4$,故向量组 $\boldsymbol{\alpha}_1,\boldsymbol{\alpha}_2,\boldsymbol{\alpha}_3,\boldsymbol{\alpha}_4$ 线性无关.

4.(1) 记 $$\boldsymbol{A}=(\boldsymbol{\alpha}_1,\boldsymbol{\alpha}_2,\boldsymbol{\alpha}_3,\boldsymbol{\alpha}_4)=\begin{pmatrix}25&31&17&43\\75&94&53&132\\75&94&54&134\\25&32&20&48\end{pmatrix}$$

对矩阵 $\boldsymbol{A}$ 施行初等行变换变为行阶梯形矩阵

$$\boldsymbol{A}\xrightarrow[\substack{r_3-r_2\\r_2-3r_1}]{r_4-r_1}\begin{pmatrix}25&31&17&43\\0&1&2&3\\0&0&1&2\\0&1&3&5\end{pmatrix}\xrightarrow{r_4-r_2}\begin{pmatrix}25&31&17&43\\0&1&2&3\\0&0&1&2\\0&0&1&2\end{pmatrix}\xrightarrow{r_4-r_3}$$

$$\begin{pmatrix}25&31&17&43\\0&1&2&3\\0&0&1&2\\0&0&0&0\end{pmatrix}$$

可见 $R(\boldsymbol{A})=3$,$\boldsymbol{\alpha}_1,\boldsymbol{\alpha}_2,\boldsymbol{\alpha}_3$ 是此向量组的一个最大无关组.

为了将 $\boldsymbol{\alpha}_4$ 用 $\boldsymbol{\alpha}_1,\boldsymbol{\alpha}_2,\boldsymbol{\alpha}_3$ 线性表示,把 $\boldsymbol{A}$ 变成行最简形矩阵

$$\boldsymbol{A}\xrightarrow{r}\begin{pmatrix}1&0&0&\frac{8}{5}\\0&1&0&-1\\0&0&1&2\\0&0&0&0\end{pmatrix}$$

记 $$\boldsymbol{B}=\begin{pmatrix}1&0&0&\frac{8}{5}\\0&1&0&-1\\0&0&1&2\\0&0&0&0\end{pmatrix}=(\boldsymbol{\beta}_1,\boldsymbol{\beta}_2,\boldsymbol{\beta}_3,\boldsymbol{\beta}_4)$$

则线性方程组 $x_1\boldsymbol{\alpha}_1+x_2\boldsymbol{\alpha}_2+x_3\boldsymbol{\alpha}_3=\boldsymbol{\alpha}_4$ 与 $x_1\boldsymbol{\beta}_1+x_2\boldsymbol{\beta}_2+x_3\boldsymbol{\beta}_3=\boldsymbol{\beta}_4$ 同解.因为

$$\boldsymbol{\beta}_4=\frac{8}{5}\boldsymbol{\beta}_1-\boldsymbol{\beta}_2+2\boldsymbol{\beta}_3$$

所以 $$\boldsymbol{\alpha}_4=\frac{8}{5}\boldsymbol{\alpha}_1-\boldsymbol{\alpha}_2+2\boldsymbol{\alpha}_3$$

(2) 记
$$A=(\boldsymbol{\alpha}_1,\boldsymbol{\alpha}_2,\boldsymbol{\alpha}_3,\boldsymbol{\alpha}_4,\boldsymbol{\alpha}_5)=\begin{pmatrix}1&1&2&2&1\\0&2&1&5&-1\\2&0&3&-1&3\\1&1&0&4&-1\end{pmatrix}$$

对矩阵 $\boldsymbol{A}$ 施行初等行变换变为行阶梯形矩阵

$$\boldsymbol{A}\xrightarrow[r_4-r_1]{r_3-2r_1}\begin{pmatrix}1&1&2&2&1\\0&2&1&5&-1\\0&-2&-1&-5&1\\0&0&-2&2&-2\end{pmatrix}\xrightarrow{r_3+r_2}\begin{pmatrix}1&1&2&2&1\\0&2&1&5&-1\\0&0&0&0&0\\0&0&-2&2&-2\end{pmatrix}\xrightarrow{-\frac{1}{2}r_4}$$

$$\begin{pmatrix}1&1&2&2&1\\0&2&1&5&-1\\0&0&0&0&0\\0&0&1&-1&1\end{pmatrix}\xrightarrow{r_2\leftrightarrow r_3}\begin{pmatrix}1&1&2&2&1\\0&2&1&5&-1\\0&0&1&-1&1\\0&0&0&0&0\end{pmatrix}\xrightarrow[r_1-2r_3]{r_2-r_3}$$

$$\begin{pmatrix}1&1&0&4&-1\\0&2&0&6&-2\\0&0&1&-1&1\\0&0&0&0&0\end{pmatrix}\xrightarrow{\frac{1}{2}r_2}\begin{pmatrix}1&1&0&4&-1\\0&1&0&3&-1\\0&0&1&-1&1\\0&0&0&0&0\end{pmatrix}\xrightarrow{r_1-r_2}$$

$$\begin{pmatrix}1&0&0&1&0\\0&1&0&3&-1\\0&0&1&-1&1\\0&0&0&0&0\end{pmatrix}$$

可见 $R(A)=3$，$\boldsymbol{\alpha}_1,\boldsymbol{\alpha}_2,\boldsymbol{\alpha}_3$ 是此向量组的一个最大无关，且
$$\boldsymbol{\alpha}_4=\boldsymbol{\alpha}_1+3\boldsymbol{\alpha}_2-\boldsymbol{\alpha}_3,\boldsymbol{\alpha}_5=-\boldsymbol{\alpha}_2+\boldsymbol{\alpha}_3$$

5.如果向量组 $\boldsymbol{\alpha}_1,\boldsymbol{\alpha}_2,\cdots,\boldsymbol{\alpha}_m$ 线性无关，证明向量组
$$\boldsymbol{\alpha}_1,\boldsymbol{\alpha}_1+\boldsymbol{\alpha}_2,\cdots,\boldsymbol{\alpha}_1+\boldsymbol{\alpha}_2+\cdots+\boldsymbol{\alpha}_m$$
也线性无关.

证明：由题设得到

$$(\boldsymbol{\alpha}_1,\boldsymbol{\alpha}_1+\boldsymbol{\alpha}_2,\cdots,\boldsymbol{\alpha}_1+\boldsymbol{\alpha}_2+\cdots+\boldsymbol{\alpha}_m)=(\boldsymbol{\alpha}_1,\boldsymbol{\alpha}_2,\cdots,\boldsymbol{\alpha}_m)\begin{pmatrix}1&1&\cdots&1\\0&1&\cdots&1\\\vdots&\vdots&&\vdots\\0&0&\cdots&1\end{pmatrix}$$

记

$$\boldsymbol{A}=(\boldsymbol{\alpha}_1,\boldsymbol{\alpha}_2,\cdots,\boldsymbol{\alpha}_m),\boldsymbol{B}=(\boldsymbol{\alpha}_1,\boldsymbol{\alpha}_1+\boldsymbol{\alpha}_2,\cdots,\boldsymbol{\alpha}_1+\boldsymbol{\alpha}_2+\cdots+\boldsymbol{\alpha}_m)$$

$$\boldsymbol{K}=\begin{pmatrix}1&1&\cdots&1\\0&1&\cdots&1\\\vdots&\vdots&&\vdots\\0&0&\cdots&1\end{pmatrix}$$

则有
$$\boldsymbol{B}=\boldsymbol{AK}$$

因为$|\boldsymbol{K}| = 1 \neq 0$,所以$\boldsymbol{K}$可逆. 故$R(\boldsymbol{B}) = R(\boldsymbol{A})$. 又因为向量组$\boldsymbol{\alpha}_1,\boldsymbol{\alpha}_2,\cdots,\boldsymbol{\alpha}_m$线性无关,因此$R(\boldsymbol{A}) = m$.从而$R(\boldsymbol{B}) = m$,即向量组$\boldsymbol{\alpha}_1,\boldsymbol{\alpha}_1+\boldsymbol{\alpha}_2,\cdots,\boldsymbol{\alpha}_1+\boldsymbol{\alpha}_2+\cdots+\boldsymbol{\alpha}_m$线性无关.

6.设向量组$\boldsymbol{\alpha}_1,\boldsymbol{\alpha}_2,\boldsymbol{\alpha}_3$线性无关,问常数$m,p,l$满足什么条件时,向量组$m\boldsymbol{\alpha}_1-\boldsymbol{\alpha}_2$,$p\boldsymbol{\alpha}_2-\boldsymbol{\alpha}_3$,$l\boldsymbol{\alpha}_3-\boldsymbol{\alpha}_1$也线性无关.

证明:记 $\boldsymbol{A} = (\boldsymbol{\alpha}_1,\boldsymbol{\alpha}_2,\boldsymbol{\alpha}_3)$,$\boldsymbol{B} = (m\boldsymbol{\alpha}_1-\boldsymbol{\alpha}_2,p\boldsymbol{\alpha}_2-\boldsymbol{\alpha}_3,l\boldsymbol{\alpha}_3-\boldsymbol{\alpha}_1)$

可见
$$\boldsymbol{B} = \boldsymbol{AK}$$

其中
$$\boldsymbol{K} = \begin{pmatrix} m & 0 & -1 \\ -1 & p & 0 \\ 0 & -1 & l \end{pmatrix}$$

要使向量组$m\boldsymbol{\alpha}_1-\boldsymbol{\alpha}_2,p\boldsymbol{\alpha}_2-\boldsymbol{\alpha}_3,l\boldsymbol{\alpha}_3-\boldsymbol{\alpha}_1$也线性无关,必有$\boldsymbol{K}$可逆,即$|\boldsymbol{K}| = mpl + 1 \neq 0$,也即$mpl \neq -1$.

7.若向量$\boldsymbol{\beta}$可由向量组$\boldsymbol{\alpha}_1,\boldsymbol{\alpha}_2,\cdots,\boldsymbol{\alpha}_n$线性表示,且表示法唯一,证明:向量组$\boldsymbol{\alpha}_1,\boldsymbol{\alpha}_2,\cdots,\boldsymbol{\alpha}_m$线性无关.

证明:向量$\boldsymbol{\beta}$可由向量组$\boldsymbol{\alpha}_1,\boldsymbol{\alpha}_2,\cdots,\boldsymbol{\alpha}_m$唯一地线性表示的充分必要条件是
$$R(\boldsymbol{\alpha}_1,\boldsymbol{\alpha}_2,\cdots,\boldsymbol{\alpha}_m) = R(\boldsymbol{\alpha}_1,\boldsymbol{\alpha}_2,\cdots,\boldsymbol{\alpha}_m,\boldsymbol{\beta}) = m$$
故向量组$\boldsymbol{\alpha}_1,\boldsymbol{\alpha}_2,\cdots,\boldsymbol{\alpha}_m$线性无关.

8.证明:n维向量组$\boldsymbol{\alpha}_1,\boldsymbol{\alpha}_2,\cdots,\boldsymbol{\alpha}_n$线性无关的充分与必要条件是任一$n$维向量都可由它线性表示.

证明:必要性　设$\boldsymbol{\beta}$是任一n维向量,则$n+1$个n维向量$\boldsymbol{\alpha}_1,\boldsymbol{\alpha}_2,\cdots,\boldsymbol{\alpha}_n,\boldsymbol{\beta}$一定线性相关. 又因为向量组$\boldsymbol{\alpha}_1,\boldsymbol{\alpha}_2,\cdots,\boldsymbol{\alpha}_n$线性无关,所以$\boldsymbol{\beta}$可由向量组$\boldsymbol{\alpha}_1,\boldsymbol{\alpha}_2,\cdots,\boldsymbol{\alpha}_n$线性表示.

充分性　由题设知n维单位向量组
$$\boldsymbol{\varepsilon}_1 = (1,0,\cdots,0),\boldsymbol{\varepsilon}_2 = (0,1,\cdots,0),\cdots,\boldsymbol{\varepsilon}_n = (0,0,\cdots,1)$$
可由向量组$\boldsymbol{\alpha}_1,\boldsymbol{\alpha}_2,\cdots,\boldsymbol{\alpha}_n$线性表示,而向量组$\boldsymbol{\alpha}_1,\boldsymbol{\alpha}_2,\cdots,\boldsymbol{\alpha}_n$也可由$n$维单位向量组
$$\boldsymbol{\varepsilon}_1 = (1,0,\cdots,0),\boldsymbol{\varepsilon}_2 = (0,1,\cdots,0),\cdots,\boldsymbol{\varepsilon}_n = (0,0,\cdots,1)$$
线性表示.即向量组$\boldsymbol{\alpha}_1,\boldsymbol{\alpha}_2,\cdots,\boldsymbol{\alpha}_n$与向量组$\boldsymbol{\varepsilon}_1,\boldsymbol{\varepsilon}_2,\cdots,\boldsymbol{\varepsilon}_n$等价,从而
$$R(\boldsymbol{\alpha}_1,\boldsymbol{\alpha}_2,\cdots,\boldsymbol{\alpha}_n) = R(\boldsymbol{\varepsilon}_1,\boldsymbol{\varepsilon}_2,\cdots,\boldsymbol{\varepsilon}_n) = n$$
可见向量组$\boldsymbol{\alpha}_1,\boldsymbol{\alpha}_2,\cdots,\boldsymbol{\alpha}_n$线性无关.

9.若向量组$\boldsymbol{\alpha}_1 = (1,0,0)^{\mathrm{T}},\boldsymbol{\alpha}_2 = (1,1,0)^{\mathrm{T}},\boldsymbol{\alpha}_3 = (1,1,1)^{\mathrm{T}}$可由向量组$\boldsymbol{\beta}_1,\boldsymbol{\beta}_2,\boldsymbol{\beta}_3$线性表示,也可由向量组$\boldsymbol{\gamma}_1,\boldsymbol{\gamma}_2,\boldsymbol{\gamma}_3,\boldsymbol{\gamma}_4$线性表示,证明向量组$\boldsymbol{\beta}_1,\boldsymbol{\beta}_2,\boldsymbol{\beta}_3$与向量组$\boldsymbol{\gamma}_1,\boldsymbol{\gamma}_2,\boldsymbol{\gamma}_3,\boldsymbol{\gamma}_4$等价.

证明:记 $\boldsymbol{A} = (\boldsymbol{\alpha}_1,\boldsymbol{\alpha}_2,\boldsymbol{\alpha}_3)$,$\boldsymbol{B} = (\boldsymbol{\beta}_1,\boldsymbol{\beta}_2,\boldsymbol{\beta}_3)$,$\boldsymbol{C} = (\boldsymbol{\gamma}_1,\boldsymbol{\gamma}_2,\boldsymbol{\gamma}_3,\boldsymbol{\gamma}_4)$

由题设知存在三阶矩阵$\boldsymbol{K}$及四阶矩阵$\boldsymbol{L}$,使得
$$\boldsymbol{A} = \boldsymbol{BK} = \boldsymbol{CL}$$

因为$|\boldsymbol{A}| = 1 \neq 0$,所以$\boldsymbol{A}$是可逆矩阵.于是
$$\boldsymbol{A}^{-1}\boldsymbol{BK} = \boldsymbol{A}^{-1}\boldsymbol{CL} = \boldsymbol{E}$$
由此知,矩阵$\boldsymbol{K}$及$\boldsymbol{L}$也是可逆矩阵.故有

$$B = CLK^{-1}, C = BKL^{-1}$$

这表明向量组 β_1,β_2,β_3 与向量组 $\gamma_1,\gamma_2,\gamma_3,\gamma_4$ 等价.

10. 已知向量组 $\alpha_1 = (0,1,-1)^T,\alpha_2 = (a,2,0)^T,\alpha_3 = (b,1,0)^T$ 与向量组 $\beta_1 = (1,2,-3)^T,\beta_2 = (3,0,1)^T,\beta_3 = (9,6,-7)^T$ 有相同的秩,且 α_3 可由 β_1,β_2,β_3线性表示,试确定 a,b 的关系.

证明:记 $A = (\beta_1,\beta_2,\beta_3,\alpha_1,\alpha_2,\alpha_3) = \begin{pmatrix} 1 & 3 & 9 & 0 & a & b \\ 2 & 0 & 6 & 1 & 2 & 1 \\ -3 & 1 & -7 & -1 & 0 & 0 \end{pmatrix}$

由题设知

$$R(\alpha_1,\alpha_2,\alpha_3) = R(\beta_1,\beta_2,\beta_3) = R(\beta_1,\beta_2,\beta_3,\alpha_3)$$

因为

$$A = \begin{pmatrix} 1 & 3 & 9 & 0 & a & b \\ 2 & 0 & 6 & 1 & 2 & 1 \\ -3 & 1 & -7 & -1 & 0 & 0 \end{pmatrix} \xrightarrow{r_3+r_2} \begin{pmatrix} 1 & 3 & 9 & 0 & a & b \\ 2 & 0 & 6 & 1 & 2 & 1 \\ -1 & 1 & -1 & 0 & 2 & 1 \end{pmatrix} \xrightarrow{r_1 \leftrightarrow r_3}$$

$$\begin{pmatrix} -1 & 1 & -1 & 0 & 2 & 1 \\ 2 & 0 & 6 & 1 & 2 & 1 \\ 1 & 3 & 9 & 0 & a & b \end{pmatrix} \xrightarrow[r_3+r_1]{r_2+2r_1}$$

$$\begin{pmatrix} -1 & 1 & -1 & 0 & 2 & 1 \\ 0 & 2 & 4 & 1 & 6 & 3 \\ 0 & 4 & 8 & 0 & a+2 & b+1 \end{pmatrix} \xrightarrow{r_3-2r_2}$$

$$\begin{pmatrix} -1 & 1 & -1 & 0 & 2 & 1 \\ 0 & 2 & 4 & 1 & 6 & 3 \\ 0 & 0 & 0 & -2 & a-10 & b-5 \end{pmatrix}$$

所以 $R(\alpha_1,\alpha_2,\alpha_3) = R(\beta_1,\beta_2,\beta_3,\alpha_3) = R(\beta_1,\beta_2,\beta_3) = 2$,故 $b = 5$.

又因为

$$(\alpha_1,\alpha_2,\alpha_3) = \begin{pmatrix} 0 & a & b \\ 1 & 2 & 1 \\ -1 & 0 & 0 \end{pmatrix} \xrightarrow{r} \begin{pmatrix} 0 & 2 & 1 \\ 1 & 6 & 3 \\ -2 & a-10 & 0 \end{pmatrix} \xrightarrow{r} \begin{pmatrix} 1 & 6 & 3 \\ 0 & 2 & 1 \\ 0 & a+2 & 6 \end{pmatrix}$$

故 $\begin{vmatrix} 1 & 6 & 3 \\ 0 & 2 & 1 \\ 0 & a+2 & 6 \end{vmatrix} = 10 - a = 0$,即 $a = 10 = 2b$.

11. 证明 $\alpha_1 = (1,2,1)^T,\alpha_2 = (4,-1,-5)^T,\alpha_3 = (-1,-3,-4)^T$ 是 $\mathbf{R}^3$ 的一个基,并求 $\beta = (2,1,2)^T$ 在这个基中的坐标.

证明:记　　$A = (\alpha_1,\alpha_2,\alpha_3,\beta) = \begin{pmatrix} 1 & 4 & -1 & 2 \\ 2 & -1 & -3 & 1 \\ 1 & -5 & -4 & 2 \end{pmatrix}$

对矩阵 A 施行初等行变换变为行最简形矩阵

$$A=\begin{pmatrix}1&4&-1&2\\2&-1&-3&1\\1&-5&-4&2\end{pmatrix}\xrightarrow[r_3-r_1]{r_2-2r_1}\begin{pmatrix}1&4&-1&2\\0&-9&-1&-3\\0&-9&-3&0\end{pmatrix}\xrightarrow{r_3-r_2}$$

$$\begin{pmatrix}1&4&-1&2\\0&-9&-1&-3\\0&0&-2&3\end{pmatrix}\xrightarrow[-\frac{1}{2}r_3]{-\frac{1}{9}r_2}\begin{pmatrix}1&4&-1&2\\0&1&\frac{1}{9}&\frac{1}{3}\\0&0&1&-\frac{3}{2}\end{pmatrix}\xrightarrow[r_2-\frac{1}{9}r_3]{r_1+r_3}$$

$$\begin{pmatrix}1&4&0&\frac{1}{2}\\0&1&0&\frac{1}{2}\\0&0&1&-\frac{3}{2}\end{pmatrix}\xrightarrow{r_1-4r_2}\begin{pmatrix}1&0&0&-\frac{3}{2}\\0&1&0&\frac{1}{2}\\0&0&1&-\frac{3}{2}\end{pmatrix}$$

可见 $R(\boldsymbol{\alpha}_1,\boldsymbol{\alpha}_2,\boldsymbol{\alpha}_3)=3$,故 $\boldsymbol{\alpha}_1,\boldsymbol{\alpha}_2,\boldsymbol{\alpha}_3$ 是 $\mathbf{R}^3$ 的一个基,且 $\boldsymbol{\beta}$ 在这个基中的坐标依次为

$$-\frac{3}{2},\frac{1}{2},-\frac{3}{2}$$

12.(1) 对系数矩阵 $\boldsymbol{A}$ 施行初等行变换变为行最简形矩阵

$$A=\begin{pmatrix}1&2&-2&2&-1\\1&2&-1&3&-2\\2&4&-7&1&1\end{pmatrix}\xrightarrow[r_3-2r_1]{r_2-r_1}\begin{pmatrix}1&2&-2&2&-1\\0&0&1&1&-1\\0&0&-3&-3&3\end{pmatrix}\xrightarrow{r_3+3r_2}$$

$$\begin{pmatrix}1&2&-2&2&-1\\0&0&1&1&-1\\0&0&0&0&0\end{pmatrix}\xrightarrow{r_1+2r_2}\begin{pmatrix}1&2&0&4&-3\\0&0&1&1&-1\\0&0&0&0&0\end{pmatrix}$$

可见 $R(\boldsymbol{A})=2<5$,故此方程组有无穷多解.

与之同解的方程组为

$$\begin{cases}x_1=-2x_2-4x_4+3x_5\\x_3=-x_4+x_5\end{cases}$$

令 $\begin{pmatrix}x_2\\x_4\\x_5\end{pmatrix}=\begin{pmatrix}1\\0\\0\end{pmatrix},\begin{pmatrix}0\\1\\0\end{pmatrix},\begin{pmatrix}0\\0\\1\end{pmatrix}$,则对应有 $\begin{pmatrix}x_1\\x_3\end{pmatrix}=\begin{pmatrix}-2\\0\end{pmatrix},\begin{pmatrix}-4\\-1\end{pmatrix},\begin{pmatrix}3\\1\end{pmatrix}$,即得基础解系

$$\boldsymbol{\xi}_1=(-2,1,0,0,0)^{\mathrm{T}},\boldsymbol{\xi}_2=(-4,0,-1,1,0),\boldsymbol{\xi}_3=(3,0,1,0,1)^{\mathrm{T}}$$

于是此方程组的通解为

$$\boldsymbol{x}=k_1\boldsymbol{\xi}_1+k_2\boldsymbol{\xi}_2+k_3\boldsymbol{\xi}_3\quad(k_1,k_2,k_3\text{ 为任意实数})$$

(2) 对系数矩阵 $\boldsymbol{A}$ 施行初等行变换变为行最简形矩阵

$$\begin{pmatrix}1&-2&1&-1&1\\2&1&-1&2&-3\\3&-2&-3&1&-2\\2&-5&1&-2&2\end{pmatrix}\xrightarrow[\substack{r_3-3r_1\\r_4-2r_1}]{r_2-2r_1}\begin{pmatrix}1&-2&1&-1&1\\0&5&-3&4&-5\\0&4&-6&4&-5\\0&-1&-1&0&0\end{pmatrix}\xrightarrow{r_2-r_3}$$

$$\begin{pmatrix}1&-2&1&-1&1\\0&1&3&0&0\\0&4&-6&4&-5\\0&-1&-1&0&0\end{pmatrix}\xrightarrow[r_2+r_3]{r_3-4r_2}\begin{pmatrix}1&-2&1&-1&1\\0&1&3&0&0\\0&0&-18&4&-5\\0&0&2&0&0\end{pmatrix}\xrightarrow{\frac{1}{2}r_2}$$

$$\begin{pmatrix}1&-2&1&-1&1\\0&1&3&0&0\\0&0&-18&4&-5\\0&0&1&0&0\end{pmatrix}\xrightarrow{r_2\leftrightarrow r_3}\begin{pmatrix}1&-2&1&-1&1\\0&1&3&0&0\\0&0&1&0&0\\0&0&-18&4&-5\end{pmatrix}\xrightarrow{r_4+18r_3}$$

$$\begin{pmatrix}1&-2&1&-1&1\\0&1&3&0&0\\0&0&1&0&0\\0&0&0&1&-\frac{5}{4}\end{pmatrix}$$

可见 $R(A)=2<5$,故此方程组有无穷多解.

与之同解的方程组为

$$\begin{cases}x_1=-2x_2-4x_4+3x_5\\x_3=-x_4+x_5\end{cases}$$

令 $\begin{pmatrix}x_2\\x_4\\x_5\end{pmatrix}=\begin{pmatrix}1\\0\\0\end{pmatrix},\begin{pmatrix}0\\1\\0\end{pmatrix},\begin{pmatrix}0\\0\\1\end{pmatrix}$,则对应有 $\begin{pmatrix}x_1\\x_3\end{pmatrix}=\begin{pmatrix}-2\\0\end{pmatrix},\begin{pmatrix}-4\\-1\end{pmatrix},\begin{pmatrix}3\\1\end{pmatrix}$,即得基础解系

$$\xi_1=(-2,1,0,0,0)^T,\xi_2=(-4,0,-1,1,0)^T,\xi_3=(3,0,1,0,1)^T$$

于是此方程组的通解为 $x=k_1\xi_1+k_2\xi_2+k_3\xi_3$($k_1,k_2,k_3$ 为任意实数).

13.(1) 对增广矩阵 $B=(A,\beta)$ 施行初等行变换

$$B=(A,\beta)=\begin{pmatrix}1&-5&2&-3&11\\5&3&-6&-1&-1\\2&4&2&1&-6\end{pmatrix}\xrightarrow[r_3-2r_1]{r_2-5r_1}\begin{pmatrix}1&-5&2&-3&11\\0&28&-16&14&-56\\0&14&-2&7&-28\end{pmatrix}\xrightarrow{\frac{1}{2}r_2}$$

$$\begin{pmatrix}1&-5&2&-3&11\\0&14&-8&7&-28\\0&14&-2&7&-28\end{pmatrix}\xrightarrow{r_3-r_2}\begin{pmatrix}1&-5&2&-3&11\\0&14&-8&7&-28\\0&0&6&0&0\end{pmatrix}\xrightarrow{r}$$

$$\begin{pmatrix}1&0&0&-\frac{1}{2}&1\\0&1&0&\frac{1}{2}&-2\\0&0&1&0&0\end{pmatrix}$$

可见 $R(A)=R(B)=3<4$,故此方程组有无穷多解.

与之同解的方程组为

$$\begin{cases} x_1 - \frac{1}{2}x_4 = 1 \\ x_2 + \frac{1}{2}x_4 = -2 \\ x_3 = 0 \end{cases}$$

令 $x_4 = 2$,则对应有 $\begin{pmatrix} x_1 \\ x_2 \end{pmatrix} = \begin{pmatrix} 2 \\ -3 \end{pmatrix}$,得到此方程组的一个解

$$\boldsymbol{\eta}^* = (2,-3,0,2)^{\mathrm{T}}$$

与之对应的齐次线性方程组为

$$\begin{cases} x_1 = \frac{1}{2}x_4 \\ x_2 = -\frac{1}{2}x_4 \\ x_3 = 0 \end{cases}$$

令 $x_4 = 2$,则 $\begin{pmatrix} x_1 \\ x_2 \end{pmatrix} = \begin{pmatrix} 1 \\ -1 \end{pmatrix}$,即得对应的齐次方程组的基础解系

$$\boldsymbol{\xi} = (1,-1,0,2)^{\mathrm{T}}$$

于是所求通解为

$$\boldsymbol{x} = k\boldsymbol{\xi} + \boldsymbol{\eta}^* = k(1,-1,0,2)^{\mathrm{T}} + (2,-3,0,2)^{\mathrm{T}} \quad (k\text{ 为任意实数})$$

(2) 对增广矩阵 $\boldsymbol{B} = (\boldsymbol{A},\boldsymbol{\beta})$ 施行初等行变换

$$\boldsymbol{B} = (\boldsymbol{A},\boldsymbol{\beta}) = \begin{pmatrix} 1 & 1 & 2 & 1 & 1 & 1 \\ 3 & 2 & 1 & 1 & -3 & -2 \\ 0 & 1 & 3 & 2 & 6 & 23 \\ 5 & 4 & -3 & 3 & -1 & 12 \end{pmatrix} \xrightarrow[r_4 - 5r_1]{r_2 - 3r_1} \begin{pmatrix} 1 & 1 & 2 & 1 & 1 & 1 \\ 0 & -1 & -5 & -2 & -6 & -5 \\ 0 & 1 & 3 & 2 & 6 & 23 \\ 0 & -1 & -13 & -2 & -6 & 7 \end{pmatrix} \xrightarrow[r_3 + r_2]{r_4 + r_3}$$

$$\begin{pmatrix} 1 & 1 & 2 & 1 & 1 & 1 \\ 0 & -1 & -5 & -2 & -6 & -5 \\ 0 & 0 & -2 & 0 & 0 & 18 \\ 0 & 0 & -10 & 0 & 0 & 30 \end{pmatrix} \xrightarrow{r} \begin{pmatrix} 1 & 1 & 2 & 1 & 1 & 1 \\ 0 & -1 & -5 & -2 & -6 & -5 \\ 0 & 0 & 1 & 0 & 0 & -9 \\ 0 & 0 & 0 & 0 & 0 & 1 \end{pmatrix}$$

可见 $R(\boldsymbol{A}) = 3 < R(\boldsymbol{B}) = 4$,故此方程组无解.

14. 当 λ 取何值时,线性方程组

$$\begin{cases} \lambda x_1 + x_2 + x_3 = \lambda - 3 \\ x_1 + \lambda x_2 + x_3 = -2 \\ x_1 + x_2 + \lambda x_3 = -2 \end{cases}$$

无解?有唯一解?有无穷多解?在方程组有无穷多解时,求出其通解.

解:对增广矩阵 $\boldsymbol{B} = (\boldsymbol{A},\boldsymbol{\beta})$ 施行初等行变换

$$\boldsymbol{B} = (\boldsymbol{A},\boldsymbol{\beta}) = \begin{pmatrix} \lambda & 1 & 1 & \lambda - 3 \\ 1 & \lambda & 1 & -2 \\ 1 & 1 & \lambda & -2 \end{pmatrix} \xrightarrow{r_1 \leftrightarrow r_3} \begin{pmatrix} 1 & 1 & \lambda & -2 \\ 1 & \lambda & 1 & -2 \\ \lambda & 1 & 1 & \lambda - 3 \end{pmatrix} \xrightarrow[r_3 - \lambda r_1]{r_2 - r_1}$$

$$\begin{pmatrix} 1 & 1 & \lambda & -2 \\ 0 & \lambda-1 & 1-\lambda & 0 \\ 0 & 1-\lambda & 1-\lambda^2 & 3\lambda-3 \end{pmatrix} \xrightarrow{r_3+r_2}$$

$$\begin{pmatrix} 1 & 1 & \lambda & -2 \\ 0 & \lambda-1 & 1-\lambda & 0 \\ 0 & 0 & (1-\lambda)(2+\lambda) & 3(\lambda-1) \end{pmatrix}$$

当 $\lambda=1$ 时,$\boldsymbol{B} \xrightarrow{r} \begin{pmatrix} 1 & 1 & 1 & -2 \\ 0 & 0 & 0 & 0 \\ 0 & 0 & 0 & 0 \end{pmatrix}$,方程组有无穷多解,其通解为

$$\boldsymbol{x}=k_1\boldsymbol{\xi}_1+k_2\boldsymbol{\xi}_2+\boldsymbol{\eta} \quad (k_1,k_2 \text{ 为任意实数})$$

其中,$\boldsymbol{\xi}_1=(-1,1,0)^{\mathrm{T}}$,$\boldsymbol{\xi}_2=(-1,0,1)^{\mathrm{T}}$,$\boldsymbol{\eta}=(-2,0,0)^{\mathrm{T}}$.

当 $\lambda=-2$ 时,$\boldsymbol{B} \xrightarrow{r} \begin{pmatrix} 1 & 1 & -2 & -2 \\ 0 & -3 & 3 & 0 \\ 0 & 0 & 0 & 1 \end{pmatrix}$,$R(\boldsymbol{A})=3<R(\boldsymbol{B})=4$,方程组无解.

当 $\lambda\neq-2$ 且 $\lambda\neq1$ 时,$\boldsymbol{B} \xrightarrow{r} \begin{pmatrix} 1 & 1 & \lambda & -2 \\ 0 & 1 & 1 & 0 \\ 0 & 0 & 2+\lambda & 3 \end{pmatrix}$,$R(\boldsymbol{A})=R(\boldsymbol{B})=3$,方程组有唯一解.

15. 设有向量组 $\boldsymbol{A}:\boldsymbol{\alpha}_1=(a,2,10)^{\mathrm{T}}$,$\boldsymbol{\alpha}_2=(-2,1,5)^{\mathrm{T}}$,$\boldsymbol{\alpha}_3=(-1,1,4)^{\mathrm{T}}$ 及向量 $\boldsymbol{\beta}=(1,b,-1)^{\mathrm{T}}$,问 a,b 为何值时:

(1) 向量 $\boldsymbol{\beta}$ 不能由向量组 $\boldsymbol{A}$ 线性表示;

(2) 向量 $\boldsymbol{\beta}$ 能由向量组 $\boldsymbol{A}$ 线性表示,且表示式唯一;

(3) 向量 $\boldsymbol{\beta}$ 能由向量组 $\boldsymbol{A}$ 线性表示,且表示式不唯一,并求一般表示式.

解:记 $$(\boldsymbol{A},\boldsymbol{\beta})=(\boldsymbol{\alpha}_3,\boldsymbol{\alpha}_2,\boldsymbol{\alpha}_1,\boldsymbol{\beta})=\begin{pmatrix} -1 & -2 & a & 1 \\ 1 & 1 & 2 & b \\ 4 & 5 & 10 & -1 \end{pmatrix}$$

对矩阵 $(\boldsymbol{A},\boldsymbol{\beta})$ 施行初等行变换变为行阶梯形矩阵

$$(\boldsymbol{A},\boldsymbol{\beta})=\begin{pmatrix} -1 & -2 & a & 1 \\ 1 & 1 & 2 & b \\ 4 & 5 & 10 & -1 \end{pmatrix} \xrightarrow[r_3+4r_1]{r_2+r_1} \begin{pmatrix} -1 & -2 & a & 1 \\ 0 & -1 & a+2 & b+1 \\ 0 & -3 & 4a+10 & 3 \end{pmatrix} \xrightarrow{r_3-3r_2}$$

$$\begin{pmatrix} -1 & -2 & a & 1 \\ 0 & -1 & a+2 & b+1 \\ 0 & 0 & a+4 & -3b \end{pmatrix} \xrightarrow[-r_2]{-r_1} \begin{pmatrix} 1 & 2 & -a & -1 \\ 0 & 1 & -a-2 & -b-1 \\ 0 & 0 & a+4 & -3b \end{pmatrix}$$

(1) 当 $a=-4$ 且 $b\neq0$ 时,$R(\boldsymbol{A})=2<R(\boldsymbol{A},\boldsymbol{\beta})=3$,以 $(\boldsymbol{A},\boldsymbol{\beta})$ 为增广矩阵的方程组无解,向量 $\boldsymbol{\beta}$ 不能由向量组 $\boldsymbol{A}$ 线性表示;

(2) 当 $a\neq-4$ 时,$R(\boldsymbol{A})=R(\boldsymbol{A},\boldsymbol{\beta})=3$,以 $(\boldsymbol{A},\boldsymbol{\beta})$ 为增广矩阵的方程组有唯一解,向量 $\boldsymbol{\beta}$ 能由向量组 $\boldsymbol{A}$ 线性表示,且表示式唯一;

(3) 当 $a=-4$ 且 $b=0$ 时，$(\boldsymbol{A},\boldsymbol{\beta})\xrightarrow{r}\begin{pmatrix}1&0&0&1\\0&1&2&-1\\0&0&0&0\end{pmatrix}$.

可见 $R(\boldsymbol{A})=R(\boldsymbol{A},\boldsymbol{\beta})=2$，以 $(\boldsymbol{A},\boldsymbol{\beta})$ 为增广矩阵的方程组有无穷多解，

通解为 $\boldsymbol{x}=(1,-1,0)^{\mathrm{T}}+k(0,-2,1)^{\mathrm{T}}=(1,-1-2k,k)^{\mathrm{T}}$（$k$ 为任意实数）. 此时向量 $\boldsymbol{\beta}$ 能由向量组 A 线性表示，且表示式不唯一，一般表示式为

$$\boldsymbol{\beta}=k\boldsymbol{\alpha}_1-(2k+1)\boldsymbol{\alpha}_2+\boldsymbol{\alpha}_3$$

16. 设 $\boldsymbol{A}=(a_{ij})_{m\times n}$，$\boldsymbol{B}=(b_{ij})_{n\times p}$，如果 $\boldsymbol{AB}=\boldsymbol{0}$ 且 $R(\boldsymbol{B})=n$，证明 $\boldsymbol{A}=\boldsymbol{0}$.

证明：设 $\boldsymbol{B}=(b_{ij})_{n\times p}$ 的行向量组为 $\boldsymbol{\beta}_1,\boldsymbol{\beta}_2,\cdots,\boldsymbol{\beta}_n$，此时 $\boldsymbol{AB}=\boldsymbol{0}$ 即为

$$a_{i1}\boldsymbol{\beta}_1+a_{i2}\boldsymbol{\beta}_2+\cdots+a_{in}\boldsymbol{\beta}_n=\boldsymbol{0}\quad(i=1,2,\cdots,m)$$

而由 $R(\boldsymbol{B})=n$ 知，$\boldsymbol{\beta}_1,\boldsymbol{\beta}_2,\cdots,\boldsymbol{\beta}_n$ 线性无关. 故

$$a_{i1}=a_{i2}=\cdots=a_{in}=0\quad(i=1,2,\cdots,m)$$

即证得 $\boldsymbol{A}=\boldsymbol{0}$.

3.4 验收测试题

一、填空题

1. n 维单位向量组

$$\boldsymbol{\varepsilon}_1=(1,0,\cdots,0)^{\mathrm{T}},\boldsymbol{\varepsilon}_2=(0,1,\cdots,0)^{\mathrm{T}},\cdots,\boldsymbol{\varepsilon}_n=(0,0,\cdots,1)^{\mathrm{T}}$$

可由向量组 $\boldsymbol{\alpha}_1,\boldsymbol{\alpha}_2,\cdots,\boldsymbol{\alpha}_s$ 线性表示，则向量个数 s ________.

2. 若 $\boldsymbol{\beta}=(0,k,k^2)^{\mathrm{T}}$ 能由 $\boldsymbol{\alpha}_1=(k,1,1)^{\mathrm{T}}$，$\boldsymbol{\alpha}_2=(1,k,1)^{\mathrm{T}}$，$\boldsymbol{\alpha}_3=(1,1,k)^{\mathrm{T}}$ 唯一线性表示，则 $k=$ ________.

3. 已知 $\boldsymbol{\alpha}_1=(1,1,2,1)^{\mathrm{T}}$，$\boldsymbol{\alpha}_2=(1,0,0,2)^{\mathrm{T}}$，$\boldsymbol{\alpha}_3=(-1,-4,-8,t)^{\mathrm{T}}$ 线性相关，则 $t=$ ________.

4. 已知向量组 $\boldsymbol{\alpha}=(1,2,1)^{\mathrm{T}}$，$\boldsymbol{\beta}=(0,t,5)^{\mathrm{T}}$，$\boldsymbol{\gamma}=(0,1,-1)^{\mathrm{T}}$ 的秩为 2，则 $t=$ ________.

5. 设 $\boldsymbol{\alpha}=(1,1,2,1)^{\mathrm{T}}$，$\boldsymbol{\beta}=(0,1,0,2)$，矩阵 $\boldsymbol{A}=\boldsymbol{\alpha\beta}$，则 $R(\boldsymbol{A})=$ ________.

二、单项选择题

1. 设向量组 $\boldsymbol{\alpha}_1,\boldsymbol{\alpha}_2,\boldsymbol{\alpha}_3$ 线性无关，则下列向量组线性相关的是（　　）.

A. $\boldsymbol{\alpha}_1+\boldsymbol{\alpha}_2,\boldsymbol{\alpha}_2+\boldsymbol{\alpha}_3,\boldsymbol{\alpha}_3+\boldsymbol{\alpha}_1$

B. $\boldsymbol{\alpha}_1,\boldsymbol{\alpha}_1+\boldsymbol{\alpha}_2,\boldsymbol{\alpha}_1+\boldsymbol{\alpha}_2+\boldsymbol{\alpha}_3$

C. $\boldsymbol{\alpha}_1-\boldsymbol{\alpha}_2,\boldsymbol{\alpha}_2-\boldsymbol{\alpha}_3,\boldsymbol{\alpha}_3-\boldsymbol{\alpha}_1$

D. $\boldsymbol{\alpha}_1+\boldsymbol{\alpha}_2,2\boldsymbol{\alpha}_2+\boldsymbol{\alpha}_3,3\boldsymbol{\alpha}_3+\boldsymbol{\alpha}_1$

2. 设 ξ_1,ξ_2,ξ_3 是 $\boldsymbol{Ax}=\boldsymbol{0}$ 的基础解系，则该方程组的基础解系还可以表示成（　　）.

A. ξ_1,ξ_2,ξ_3 的一个等价向量组

B. ξ_1,ξ_2,ξ_3 的一个等秩向量组

C. $\xi_1,\xi_1+\xi_2,\xi_1+\xi_2+\xi_3$

D. $\xi_1-\xi_2,\xi_2-\xi_3,\xi_3-\xi_1$

3.设$\boldsymbol{\beta},\boldsymbol{\alpha}_1,\boldsymbol{\alpha}_2$线性相关,$\boldsymbol{\beta},\boldsymbol{\alpha}_2,\boldsymbol{\alpha}_3$线性无关,则(　　).

A. $\boldsymbol{\alpha}_1,\boldsymbol{\alpha}_2,\boldsymbol{\alpha}_3$线性相关　　B. $\boldsymbol{\alpha}_1,\boldsymbol{\alpha}_2,\boldsymbol{\alpha}_3$线性无关

C. $\boldsymbol{\beta}$可用$\boldsymbol{\alpha}_1,\boldsymbol{\alpha}_2$线性表示　　D. $\boldsymbol{\alpha}_1$可用$\boldsymbol{\beta},\boldsymbol{\alpha}_2,\boldsymbol{\alpha}_3$线性表示

4.设$\xi_1=(1,0,1)^{\mathrm{T}},\xi_2=(-2,0,1)^{\mathrm{T}}$都是$\boldsymbol{Ax}=\boldsymbol{0}$的解,只要系数矩阵$\boldsymbol{A}$为(　　).

A. $\begin{pmatrix}1&2&3\\3&1&2\\2&1&1\end{pmatrix}$　　B. $\begin{pmatrix}-1&2&1\\1&1&2\end{pmatrix}$

C. $\begin{pmatrix}0&1&0\\0&2&0\\3&2&1\end{pmatrix}$　　D. $\begin{pmatrix}0&-1&0\\0&2&0\end{pmatrix}$

5.设$\boldsymbol{\alpha}_1,\boldsymbol{\alpha}_2,\cdots,\boldsymbol{\alpha}_m$是$\boldsymbol{Ax}=\boldsymbol{0}$的一个基础解系,$k_1,k_2,\cdots,k_m$是任意常数,则$\boldsymbol{Ax}=\boldsymbol{0}$的通解为(　　).

A. $\sum\limits_{i=1}^{m-1}k_i(\boldsymbol{\alpha}_{i+1}-\boldsymbol{\alpha}_i)$　　B. $\sum\limits_{i=1}^{m-1}k_i(\boldsymbol{\alpha}_{i+1}-2\boldsymbol{\alpha}_i)+k_m\boldsymbol{\alpha}_1$

C. $\sum\limits_{i=1}^{m-1}k_i(\boldsymbol{\alpha}_{i+1}+\boldsymbol{\alpha}_i)$　　D. $\sum\limits_{i=1}^{m}\boldsymbol{\alpha}_i$

三、考虑向量组

$$\boldsymbol{\alpha}_1=(1,-1,0,4)^{\mathrm{T}},\boldsymbol{\alpha}_2=(2,1,5,6)^{\mathrm{T}}$$
$$\boldsymbol{\alpha}_3=(1,-1,-2,0)^{\mathrm{T}},\boldsymbol{\alpha}_4=(3,0,7,14)^{\mathrm{T}}$$

(1) 求向量组的秩;

(2) 求此向量组的一个最大无关组,并将其余向量分别用该最大无关组线性表示.

四、设$\boldsymbol{\alpha}_1,\boldsymbol{\alpha}_2,\boldsymbol{\alpha}_3$线性无关,且

$$\boldsymbol{\beta}_1=\boldsymbol{\alpha}_1+2\boldsymbol{\alpha}_2+3\boldsymbol{\alpha}_3,\boldsymbol{\beta}_2=3\boldsymbol{\alpha}_1+\boldsymbol{\alpha}_2+2\boldsymbol{\alpha}_3,\boldsymbol{\beta}_3=2\boldsymbol{\alpha}_1+3\boldsymbol{\alpha}_2+\boldsymbol{\alpha}_3$$

证明:$\boldsymbol{\beta}_1,\boldsymbol{\beta}_2,\boldsymbol{\beta}_3$线性无关.

五、已知向量组$\boldsymbol{\alpha}_1,\boldsymbol{\alpha}_2,\cdots,\boldsymbol{\alpha}_s,\boldsymbol{\alpha}_{s+1}(s>1)$线性无关,向量组$\boldsymbol{\beta}_1,\boldsymbol{\beta}_2,\cdots,\boldsymbol{\beta}_s$可表示为$\boldsymbol{\beta}_i=\boldsymbol{\alpha}_i+t_i\boldsymbol{\alpha}_{i+1}(i=1,2,\cdots,s)$,其中$t_i$是数,试证向量组$\boldsymbol{\beta}_1,\boldsymbol{\beta}_2,\cdots,\boldsymbol{\beta}_s$线性无关.

六、设$\boldsymbol{A}$为n阶方阵,证明:如果$\boldsymbol{A}^2=\boldsymbol{E},\boldsymbol{E}$为$n$阶单位矩阵,则

$$R(\boldsymbol{A}+\boldsymbol{E})+R(\boldsymbol{A}-\boldsymbol{E})=n$$

七、已知$\boldsymbol{\alpha}_1=(1,2,0)^{\mathrm{T}},\boldsymbol{\alpha}_2=(1,a+2,-3a)^{\mathrm{T}},\boldsymbol{\alpha}_3=(-1,b+2,a+2b)^{\mathrm{T}}$及向量$\boldsymbol{\beta}=(1,3,-3)^{\mathrm{T}}$,问$a,b$取何值时:

(1) 向量$\boldsymbol{\beta}$不能由向量组$\boldsymbol{\alpha}_1,\boldsymbol{\alpha}_2,\boldsymbol{\alpha}_3$线性表示;

(2) 向量$\boldsymbol{\beta}$能由向量组$\boldsymbol{A}$线性表示,且表示式唯一,并写出该表示式.

3.5　验收测试题答案

一、1. $s\leqslant n$;　2. $k\neq 0,-2$;　3. 2;　4. -5;　5. 1

二、CCDDB

三、$R(\boldsymbol{\alpha}_1,\boldsymbol{\alpha}_2,\boldsymbol{\alpha}_3,\boldsymbol{\alpha}_4)=3$，$\boldsymbol{\alpha}_1,\boldsymbol{\alpha}_2,\boldsymbol{\alpha}_3$ 是此向量组的一个最大无关组，且

$$\boldsymbol{\alpha}_4=-2\boldsymbol{\alpha}_1+\boldsymbol{\alpha}_2-\boldsymbol{\alpha}_3$$

四、证明略.

五、证明略.

六、证明略.

七、(1) 当 $a=0$，b 为任何值时，向量 $\boldsymbol{\beta}$ 不能由向量组 $\boldsymbol{\alpha}_1,\boldsymbol{\alpha}_2,\boldsymbol{\alpha}_3$ 线性表示；(2) 当 $a\neq 0,b\neq -\frac{1}{5}(12+a)$ 时，向量 $\boldsymbol{\beta}$ 能由向量组 $\boldsymbol{A}$ 线性表示，且表示式唯一，写表示式为 $\boldsymbol{\beta}=\left(1-\frac{1}{a}\right)\boldsymbol{\alpha}_1+\frac{1}{a}\boldsymbol{\alpha}_2$.

第 4 章 相似矩阵及二次型

4.1 内容提要

4.1.1 向量内积

设有 n 维向量

$$\boldsymbol{x}=\begin{pmatrix}x_1\\x_2\\\vdots\\x_n\end{pmatrix},\boldsymbol{y}=\begin{pmatrix}y_1\\y_2\\\vdots\\y_n\end{pmatrix}$$

令

$$[\boldsymbol{x},\boldsymbol{y}]=x_1y_1+x_2y_2+\cdots+x_ny_n$$

$[\boldsymbol{x},\boldsymbol{y}]$称为向量$\boldsymbol{x}$与$\boldsymbol{y}$的内积.

易知$[\boldsymbol{x},\boldsymbol{y}]=\boldsymbol{x}^{\mathrm{T}}\boldsymbol{y}$.

内积具有下列运算性质:

(1) $[\boldsymbol{x},\boldsymbol{y}]=[\boldsymbol{y},\boldsymbol{x}]$;

(2) $[\lambda\boldsymbol{x},\boldsymbol{y}]=\lambda[\boldsymbol{x},\boldsymbol{y}]$;

(3) $[\boldsymbol{x}+\boldsymbol{y},\boldsymbol{z}]=[\boldsymbol{x},\boldsymbol{z}]+[\boldsymbol{y},\boldsymbol{z}]$;

(4) $[\boldsymbol{x},\boldsymbol{x}]\geqslant 0$,当且仅当,$\boldsymbol{x}=\boldsymbol{0}$时,$[\boldsymbol{x},\boldsymbol{x}]=0$.

其中,$\boldsymbol{x},\boldsymbol{y},\boldsymbol{z}$是为向量,$\lambda$为实数.

施瓦茨(Schwarz)不等式:$[\boldsymbol{x},\boldsymbol{y}]^2\leqslant[\boldsymbol{x},\boldsymbol{x}]\cdot[\boldsymbol{y},\boldsymbol{y}]$.

非负实数 $\|\boldsymbol{x}\|=\sqrt{[\boldsymbol{x},\boldsymbol{x}]}=\sqrt{x_1^2+x_2^2+\cdots+x_n^2}$ 称为n维向量$\boldsymbol{x}$的长度(范数).

向量的长度具有性质:

(1) 非负性:$\|\boldsymbol{x}\|\geqslant 0$,当且仅当$\boldsymbol{x}=\boldsymbol{0}$时,$\|\boldsymbol{x}\|=0$;

(2) 齐次性:$\|\lambda\boldsymbol{x}\|=|\lambda|\,\|\boldsymbol{x}\|$;

(3) 三角不等式:$\|\boldsymbol{x}+\boldsymbol{y}\|\leqslant\|\boldsymbol{x}\|+\|\boldsymbol{y}\|$.

长为1的向量称为单位向量. 若向量$\boldsymbol{x}\neq\boldsymbol{0}$,则$\dfrac{1}{\|\boldsymbol{x}\|}\boldsymbol{x}$是向量$\boldsymbol{x}$的单位向量.

向量的夹角

$$\theta = \arccos \frac{[\boldsymbol{x},\boldsymbol{y}]}{\|\boldsymbol{x}\| \cdot \|\boldsymbol{y}\|}$$

称为 n 维向量 $\boldsymbol{x}$ 与 $\boldsymbol{y}$ 的夹角.

4.1.2 向量的正交性

正交向量组:一组两两正交的非零向量组,称为正交向量组.

把基 $\boldsymbol{a}_1,\boldsymbol{a}_2,\cdots,\boldsymbol{a}_r$ 正交规范化方法(施密特(Schimidt) 正交化方法):

正交化:

取

$$\boldsymbol{b}_1 = \boldsymbol{a}_1$$

$$\boldsymbol{b}_2 = \boldsymbol{a}_2 - \frac{[\boldsymbol{b}_1,\boldsymbol{a}_2]}{[\boldsymbol{b}_1,\boldsymbol{b}_1]}\boldsymbol{b}_1$$

$$\boldsymbol{b}_3 = \boldsymbol{a}_3 - \frac{[\boldsymbol{b}_1,\boldsymbol{a}_3]}{[\boldsymbol{b}_1,\boldsymbol{b}_1]}\boldsymbol{b}_1 - \frac{[\boldsymbol{b}_2,\boldsymbol{a}_3]}{[\boldsymbol{b}_2,\boldsymbol{b}_2]}\boldsymbol{b}_2;$$

$$\vdots$$

$$\boldsymbol{b}_r = \boldsymbol{a}_r - \frac{[\boldsymbol{b}_1,\boldsymbol{a}_r]}{[\boldsymbol{b}_1,\boldsymbol{b}_1]}\boldsymbol{b}_1 - \frac{[\boldsymbol{b}_2,\boldsymbol{a}_r]}{[\boldsymbol{b}_2,\boldsymbol{b}_2]}\boldsymbol{b}_2 - \cdots - \frac{[\boldsymbol{b}_{r-1},\boldsymbol{a}_r]}{[\boldsymbol{b}_{r-1},\boldsymbol{b}_{r-1}]}\boldsymbol{b}_{r-1}$$

单位化:

取 $$\boldsymbol{e}_1 = \frac{1}{\|\boldsymbol{b}_1\|}\boldsymbol{b}_1, \boldsymbol{e}_2 = \frac{1}{\|\boldsymbol{b}_2\|}\boldsymbol{b}_2, \cdots, \boldsymbol{e}_r = \frac{1}{\|\boldsymbol{b}_r\|}\boldsymbol{b}_r$$

于是,$\boldsymbol{e}_1,\boldsymbol{e}_2,\cdots,\boldsymbol{e}_r$ 是规范正交向量组,且与 $\boldsymbol{a}_1,\boldsymbol{a}_2,\cdots,\boldsymbol{a}_r$ 等价.

定义 1 设 n 维向量 $\boldsymbol{e}_1,\boldsymbol{e}_2,\cdots,\boldsymbol{e}_r$ 是向量空间 V 的一个基,如果向量组 $\boldsymbol{e}_1,\boldsymbol{e}_2,\cdots,\boldsymbol{e}_r$ 为规范正交向量组,则称 $\boldsymbol{e}_1,\boldsymbol{e}_2,\cdots,\boldsymbol{e}_r$ 是 V 的一个规范正交基.

4.1.3 特征值与特征向量

设 $\boldsymbol{A}$ 是 n 阶矩阵,如果数 λ_0 和 n 维非零列向量 $\boldsymbol{p}$ 使得

$$\boldsymbol{A}\boldsymbol{p} = \lambda_0\boldsymbol{p} \tag{4.1}$$

那么数 λ_0 称为方阵 $\boldsymbol{A}$ 的特征值,非零向量 $\boldsymbol{p}$ 称为 $\boldsymbol{A}$ 的对于特征值 λ_0 的特征向量.

行列式

$$|\boldsymbol{A} - \lambda\boldsymbol{E}| = \begin{vmatrix} a_{11}-\lambda & a_{12} & \cdots & a_{1n} \\ a_{21} & a_{22}-\lambda & \cdots & a_{2n} \\ \vdots & \vdots & & \vdots \\ a_{n1} & a_{n2} & \cdots & a_{nn}-\lambda \end{vmatrix}$$

是 λ 的 m 次多项式,称为方阵 $\boldsymbol{A}$ 的特征多项式.

方程 $|\boldsymbol{A} - \lambda\boldsymbol{E}| = 0$ 称为 n 阶矩阵 $\boldsymbol{A}$ 的特征方程.

式(4.1) 也可写成

$$(\boldsymbol{A} - \lambda_0\boldsymbol{E})\boldsymbol{p} = \boldsymbol{0} \tag{4.2}$$

于是,矩阵 $\boldsymbol{A}$ 的特征值λ_0是它的特征方程$|\boldsymbol{A}-\lambda\boldsymbol{E}|=0$的根,$\lambda_0$的特征向量 $\boldsymbol{p}$ 是齐次线性方程组$(\boldsymbol{A}-\lambda_0\boldsymbol{E})\boldsymbol{x}=\boldsymbol{0}$的非零解.

4.1.4　特征值与特征向量的求法

求 n 阶方阵$\boldsymbol{A}$ 的特征值与特征向量的方法:

(1) 求出矩阵的 $\boldsymbol{A}$ 特征多项式,即计算行列式$|\boldsymbol{A}-\lambda\boldsymbol{E}|$;

(2) 特征方程$|\boldsymbol{A}-\lambda\boldsymbol{E}|=0$的解(根)$\lambda_1,\lambda_2,\cdots,\lambda_n$就是$\boldsymbol{A}$ 的特征值;

(3) 解齐次线性方程组$(\boldsymbol{A}-\lambda_i\boldsymbol{E})\boldsymbol{x}=\boldsymbol{0}$,它的非零解都是特征值 λ_i 的特征向量.

4.1.5　相似矩阵的概念及性质

相似矩阵　设$\boldsymbol{A}$,$\boldsymbol{B}$都是n阶矩阵,若有可逆矩阵 $\boldsymbol{P}$,使 $\boldsymbol{P}^{-1}\boldsymbol{A}\boldsymbol{P}=\boldsymbol{B}$,则称矩阵 $\boldsymbol{A}$ 与 $\boldsymbol{B}$ 相似,可逆矩阵 $\boldsymbol{P}$ 称为把$\boldsymbol{A}$ 变成$\boldsymbol{B}$ 的相似变换矩阵.

相似矩阵有相同的行列式,相同的秩.

若 n 阶矩阵$\boldsymbol{A}$ 与$\boldsymbol{B}$ 相似,则 $\boldsymbol{A}$ 与$\boldsymbol{B}$ 的特征多项式相同,从而 $\boldsymbol{A}$ 与$\boldsymbol{B}$ 的特征值也相同.

推论 1　若 n 阶矩阵$\boldsymbol{A}$ 与对角矩阵$\boldsymbol{\Lambda}=\begin{pmatrix}\lambda_1 & & & \\ & \lambda_2 & & \\ & & \ddots & \\ & & & \lambda_n\end{pmatrix}$相似,则 $\lambda_1,\lambda_2,\cdots,\lambda_n$ 也就是 $\boldsymbol{A}$ 的 n 个特征值.

n 阶矩阵$\boldsymbol{A}$ 与对角矩阵相似的充分必要条件是:$\boldsymbol{A}$ 有 n 个线性无关的特征向量.

推论 2　如果 n 阶矩阵$\boldsymbol{A}$ 的特征值互不相等,则 $\boldsymbol{A}$ 与对角矩阵相似.

4.1.6　正交变换

若 $\boldsymbol{P}$ 为正交矩阵,则线性变换 $\boldsymbol{x}=\boldsymbol{P}\boldsymbol{y}$ 称为正交变换.

正交变换具有下列性质:

(1) 正交变换保持两向量内积不变;

(2) 正交变换保持向量的长度不变(保距性);

(3) 正交变换保持向量的夹角不变(保角性);

(4) 正交变换把规范正交基仍变为规范正交基.

设方阵 $\boldsymbol{A}$,求正交矩阵 $\boldsymbol{P}$,使 $\boldsymbol{P}^{-1}\boldsymbol{A}\boldsymbol{P}=\boldsymbol{\Lambda}$($\boldsymbol{\Lambda}$ 为对角阵)的具体方法:

第一步,利用 $\boldsymbol{A}$ 的特征多项式,求 $\boldsymbol{A}$ 的特征值;

第二步,根据特征值,求特征向量;

第三步,根据特征向量找到正交矩阵.

4.1.7　二次型与标准形的定义与性质

n 个变量 $x_1,x_2,\cdots,x_n$ 的二次齐次函数

$$f(x_1,x_2,\cdots,x_n)=a_{11}x_1^2+a_{22}x_2^2+\cdots+a_{nn}x_n^2+$$

$$2a_{12}x_1x_2 + 2a_{13}x_1x_3 + \cdots + 2a_{n-1,n}x_{n-1}x_n \quad (4.3)$$

称为二次型.

若存在可逆的线性变换

$$\begin{cases} x_1 = c_{11}y_1 + c_{12}y_2 + \cdots + c_{1n}y_n \\ x_2 = c_{21}y_1 + c_{22}y_2 + \cdots + c_{2n}y_n \\ \vdots \\ x_n = c_{n1}y_1 + c_{n2}y_2 + \cdots + c_{nn}y_n \end{cases} \quad (4.4)$$

将二次型(4.3)化为只含平方项,即用式(4.4)代入式(4.3),能使

$$f(x_1,x_2,\cdots,x_n) = k_1y_1^2 + k_2y_2^2 + \cdots\cdots + k_ny_n^2 \quad (4.5)$$

称式(4.5)为二次型的标准形.(二次型的标准型不唯一)

4.1.8　合同矩阵

对于 $A_{n\times n}, B_{n\times n}$,若有可逆矩阵 $C_{n\times n}$ 使得 $C^TAC = B$,称 A 合同于 B.

(1)A 合同于 A:$E^TAE = A$.

(2)A 合同于 $B \Rightarrow B$ 合同于 A:$(C^{-1})^TB(C^{-1}) = A$.

(3)A 合同于 B,B 合同于 $S \Rightarrow A$ 合同于 S.

设有可逆矩阵 C,使 $B = C^TAC$,如果 A 为对称矩阵,则 B 也为对称矩阵,且 $R(A) = R(B)$.

4.1.9　化二次型与标准形的方法

用正交变换法化二次型为标准形.

第一步:设 $A_{n\times n}$ 实对称,求其特征值为 $\lambda_1,\lambda_2,\cdots,\lambda_n$;

第二步:寻找存在正交矩阵 Q,使得

$$Q^TAQ = \Lambda = \begin{pmatrix} \lambda_1 & & \\ & \ddots & \\ & & \lambda_n \end{pmatrix}$$

第三步:作正交变换 $x = Qy$,可得

$$f = x^TAx = (Qy)^TA(Qy) = y^T(Q^TAQ)y = y^T\Lambda y = \lambda_1y_1^2 + \lambda_2y_2^2 + \cdots + \lambda_ny_n^2$$

用配方法化二次型成标准形.

4.1.10　正定二次型

(惯性定理)设实二次型 $f = x^TAx$ 的秩为 r,若有实可逆变换 $x = Cy$ 及 $x = Pz$ 使

$$f = k_1y_1^2 + k_2y_2^2 + \cdots + k_ry_r^2 \quad (k_r \neq 0)$$

和

$$f = \lambda_1z_1^2 + \lambda_2z_2^2 + \cdots + \lambda_rz_r^2 \quad (\lambda_r \neq 0)$$

则 $k_1,k_2,\cdots,k_r$ 中正数的个数与 $\lambda_1,\lambda_2,\cdots,\lambda_r$ 中正数的个数相等.

实二次型 $f = x^TAx$ 称为正定二次型,如果对任何 $x \neq 0$,都有 $x^TAx > 0$(显然 $f(0) =$

0)．正定二次型的矩阵 $\boldsymbol{A}$ 称为正定矩阵；实二次型 $f=\boldsymbol{x}^{\mathrm{T}}\boldsymbol{A}\boldsymbol{x}$ 称为负定二次型，如果对任何 $\boldsymbol{x}\neq\boldsymbol{0}$，都有 $\boldsymbol{x}^{\mathrm{T}}\boldsymbol{A}\boldsymbol{x}<0$．负定二次型的矩阵 $\boldsymbol{A}$ 称为负定矩阵．

n 元实二次型 $f=\boldsymbol{x}^{\mathrm{T}}A\boldsymbol{x}$ 为正定的充分必要条件是：它的标准形的 n 个系数全为正．

推论　对称矩阵 $\boldsymbol{A}$ 为正定的充分必要条件是：$\boldsymbol{A}$ 的特征值全为正．

对称矩阵 $\boldsymbol{A}$ 为正定矩阵的充分必要条件是：$\boldsymbol{A}$ 的各阶主子式都为正．即

$$a_{11}>0,\begin{vmatrix}a_{11}&a_{12}\\a_{21}&a_{22}\end{vmatrix}>0,\cdots,|\boldsymbol{A}|=\begin{vmatrix}a_{11}&\cdots&a_{1n}\\\vdots&&\vdots\\a_{n1}&\cdots&a_{nn}\end{vmatrix}>0$$

对称矩阵 A 为正定的充分必要条件是：奇数阶主子式为负，而偶数阶主子式为正，即

$$(-1)^r\begin{vmatrix}a_{11}&\cdots&a_{1r}\\\vdots&&\vdots\\a_{r1}&\cdots&a_{rr}\end{vmatrix}>0\quad(r=1,2,\cdots,n)$$

此定理称为霍尔维茨定理．

4.2　典型题精解

4.2.1　求特征值与特征向量

例1　求 $\boldsymbol{A}=\begin{pmatrix}1&2&2\\2&1&2\\2&2&1\end{pmatrix}$ 的特征值与特征向量．

解　可得

$$\varphi(\lambda)=\begin{vmatrix}1-\lambda&2&2\\2&1-\lambda&2\\2&2&1-\lambda\end{vmatrix}=(5-\lambda)(\lambda+1)^2$$

$$\varphi(\lambda)=0\Rightarrow\lambda_1=5,\lambda_2=\lambda_3=-1$$

求 $\lambda_1=5$ 的特征向量

$$\boldsymbol{A}-5\boldsymbol{E}=\begin{pmatrix}-4&2&2\\2&-4&2\\2&2&-4\end{pmatrix}\xrightarrow{\text{行}}\begin{pmatrix}1&0&-1\\0&1&-1\\0&0&0\end{pmatrix},\boldsymbol{p}_1=\begin{pmatrix}1\\1\\1\end{pmatrix}$$

$$\boldsymbol{x}=k_1\boldsymbol{p}_1\quad(k_1\neq0)$$

求 $\lambda_2=\lambda_3=-1$ 的特征向量

$$\boldsymbol{A}-(-1)\boldsymbol{E}=\begin{pmatrix}2&2&2\\2&2&2\\2&2&2\end{pmatrix}\xrightarrow{\text{行}}\begin{pmatrix}1&1&1\\0&0&0\\0&0&0\end{pmatrix},\boldsymbol{p}_2=\begin{pmatrix}-1\\1\\0\end{pmatrix},\boldsymbol{p}_3=\begin{pmatrix}-1\\0\\1\end{pmatrix}$$

$$\boldsymbol{x}=k_2\boldsymbol{p}_2+k_3\boldsymbol{p}_3\quad(k_2,k_3\text{不同时为}0)$$

例2　设 $\boldsymbol{A}_{3\times3}$ 的特征值为 $\lambda_1=1,\lambda_2=2,\lambda_3=-3$，求 $\det(\boldsymbol{A}^3-3\boldsymbol{A}+\boldsymbol{E})$．

解 设 $f(t)=t^3-3t+1$,则 $f(\boldsymbol{A})=\boldsymbol{A}^3-3\boldsymbol{A}+\boldsymbol{E}$ 的特征值为

$$f(\lambda_1)=-1,f(\lambda_2)=3,f(\lambda_3)=-17$$

故 $$\det(\boldsymbol{A}^3-3\boldsymbol{A}+\boldsymbol{E})=(-1)\cdot 3\cdot(-17)=51$$

注 一般结论:若 $\boldsymbol{A}$ 的全体特征值为 $\lambda_1,\lambda_2,\cdots,\lambda_n$,则 $f(\boldsymbol{A})$ 的全体特征值为 $f(\lambda_1)$,$f(\lambda_2),\cdots,f(\lambda_n)$.

4.2.2 矩阵对角化

例 3 判断下列矩阵可否对角化:

$$(1)\boldsymbol{A}=\begin{pmatrix}0&1&0\\0&0&1\\-6&-11&-6\end{pmatrix},(2)\boldsymbol{A}=\begin{pmatrix}1&2&2\\2&1&2\\2&2&1\end{pmatrix}.$$

解 (1) 可得

$$\varphi(\lambda)=-(\lambda+1)(\lambda+2)(\lambda+3)$$

$\boldsymbol{A}$ 有 3 个互异特征值 $\Rightarrow\boldsymbol{A}$ 可对角化,对应于 $\lambda_1=-1,\lambda_2=-2,\lambda_3=-3$ 的特征向量依次为

$$\boldsymbol{p}_1=\begin{pmatrix}1\\-1\\1\end{pmatrix},\boldsymbol{p}_2=\begin{pmatrix}1\\-2\\4\end{pmatrix},\boldsymbol{p}_3=\begin{pmatrix}1\\-3\\9\end{pmatrix}$$

构造矩阵

$$\boldsymbol{P}=\begin{pmatrix}1&1&1\\-1&-2&-3\\1&4&9\end{pmatrix},\boldsymbol{\Lambda}=\begin{pmatrix}-1&&\\&-2&\\&&-3\end{pmatrix}$$

则有 $$\boldsymbol{P}^{-1}\boldsymbol{A}\boldsymbol{P}=\boldsymbol{\Lambda}$$

(2) $\varphi(\lambda)=-(\lambda-5)(\lambda+1)^2$.

求得 $\boldsymbol{A}$ 有 3 个线性无关的特征向量 $\Rightarrow\boldsymbol{A}$ 可对角化对应于 $\lambda_1=5,\lambda_2=\lambda_3=-1$ 的特征向量依次为

$$\boldsymbol{p}_1=\begin{pmatrix}1\\1\\1\end{pmatrix},\boldsymbol{p}_2=\begin{pmatrix}-1\\1\\0\end{pmatrix},\boldsymbol{p}_3=\begin{pmatrix}-1\\0\\1\end{pmatrix}$$

构造矩阵

$$\boldsymbol{P}=\begin{pmatrix}1&-1&-1\\1&1&0\\1&0&1\end{pmatrix},\boldsymbol{\Lambda}=\begin{pmatrix}5&&\\&-1&\\&&-1\end{pmatrix}$$

则有

$$\boldsymbol{P}^{-1}\boldsymbol{A}\boldsymbol{P}=\boldsymbol{\Lambda}$$

例 4 设 $\boldsymbol{A}=\begin{pmatrix}1&2&2\\2&1&2\\2&2&1\end{pmatrix}$,求 $\boldsymbol{A}^k(k=2,3,\cdots)$.

解　例 1 求得

$$P=\begin{pmatrix}1&-1&-1\\1&1&0\\1&0&1\end{pmatrix},\Lambda=\begin{pmatrix}5&&\\&-1&\\&&-1\end{pmatrix}$$

使得

$$P^{-1}AP=\Lambda$$
$$A=P\Lambda P^{-1}$$
$$A^k=P\Lambda^k P^{-1}$$

故

$$A^k=\begin{pmatrix}1&-1&-1\\1&1&0\\1&0&1\end{pmatrix}\cdot\begin{pmatrix}5^k&&\\&(-1)^k&\\&&(-1)^k\end{pmatrix}\cdot\frac{1}{3}\begin{pmatrix}1&1&1\\-1&2&-1\\-1&-1&2\end{pmatrix}=$$

$$\frac{1}{3}\begin{pmatrix}5^k+2\delta&5^k-\delta&5^k-\delta\\5^k-\delta&5^k+2\delta&5^k-\delta\\5^k-\delta&5^k-\delta&5^k+2\delta\end{pmatrix}\quad(\delta=(-1)^k)$$

4.2.3　求正交矩阵

例 5　对下列矩阵 A，求正交矩阵 Q，使得 $Q^{\mathrm{T}}AQ=\Lambda$.

(1) $A=\begin{pmatrix}1&0&1\\0&1&1\\1&1&2\end{pmatrix}$；(2) $A=\begin{pmatrix}1&2&2\\2&1&2\\2&2&1\end{pmatrix}$.

解　(1) 可得

$$\varphi(\lambda)=-\lambda(\lambda-1)(\lambda-3)$$

对应于特征值 $\lambda_1=0,\lambda_2=1,\lambda_3=3$ 的特征向量依次为

$$p_1=\begin{pmatrix}-1\\-1\\1\end{pmatrix},p_2=\begin{pmatrix}-1\\1\\0\end{pmatrix},p_3=\begin{pmatrix}1\\1\\2\end{pmatrix}$$

构造正交矩阵 Q 和对角矩阵 Λ

$$Q=\begin{pmatrix}\frac{-1}{\sqrt{3}}&\frac{-1}{\sqrt{2}}&\frac{1}{\sqrt{6}}\\\frac{-1}{\sqrt{3}}&\frac{1}{\sqrt{2}}&\frac{1}{\sqrt{6}}\\\frac{1}{\sqrt{3}}&0&\frac{2}{\sqrt{6}}\end{pmatrix},\Lambda=\begin{pmatrix}0&&\\&1&\\&&3\end{pmatrix}$$

则有

$$Q^{\mathrm{T}}AQ=\Lambda$$

(2) 可得

$$\varphi(\lambda)=-(\lambda-5)(\lambda+1)^2$$

属于 $\lambda_1=5$ 的特征向量为

$$p_1=\begin{pmatrix}1\\1\\1\end{pmatrix}$$

求属于 $\lambda_2=\lambda_3=-1$ 的两个特征向量(凑正交)

$$A-(-1)E=\begin{pmatrix}2&2&2\\2&2&2\\2&2&2\end{pmatrix}\xrightarrow{行}\begin{pmatrix}1&1&1\\0&0&0\\0&0&0\end{pmatrix},p_2=\begin{pmatrix}-1\\1\\0\end{pmatrix},p_3=\begin{pmatrix}1\\1\\-2\end{pmatrix}$$

构造正交矩阵 Q 和对角矩阵 Λ

$$Q=\begin{pmatrix}\frac{1}{\sqrt3}&\frac{-1}{\sqrt2}&\frac{1}{\sqrt6}\\\frac{1}{\sqrt3}&\frac{1}{\sqrt2}&\frac{1}{\sqrt6}\\\frac{1}{\sqrt3}&0&\frac{-2}{\sqrt6}\end{pmatrix},\Lambda=\begin{pmatrix}5&&\\&-1&\\&&-1\end{pmatrix}$$

则有

$$Q^TAQ=\Lambda$$

4.2.4 相似矩阵

例 6 已知 $A=\begin{pmatrix}1&-1&1\\x&4&y\\-3&-3&5\end{pmatrix}$ 可对角化,$\lambda=2$ 是 A 的 2 重特征值,求可逆矩阵 P,使得 $P^{-1}AP=\Lambda$.

解 可得

$$A-2E=\begin{pmatrix}-1&-1&1\\x&2&y\\-3&-3&3\end{pmatrix}\xrightarrow{行}\begin{pmatrix}-1&-1&1\\0&2-x&x+y\\0&0&0\end{pmatrix}$$

A 可对角化$\Rightarrow$对应 $\lambda=2$ 有两个线性无关的特征向量$\Rightarrow\text{rank}(A-2E)=1\Rightarrow x=2,y=-2$.

设 $\lambda_1=\lambda_2=2$,则有

$$\text{tr}\,A=\lambda_1+\lambda_2+\lambda_3\Rightarrow 10=4+\lambda_3\Rightarrow\lambda_3=6$$

此时

$$A=\begin{pmatrix}1&-1&1\\2&4&-2\\-3&-3&5\end{pmatrix},\Lambda=\begin{pmatrix}2&&\\&2&\\&&6\end{pmatrix}$$

求得

$$p_1=\begin{pmatrix}-1\\1\\0\end{pmatrix},p_2=\begin{pmatrix}1\\0\\1\end{pmatrix},p_3=\begin{pmatrix}1\\-2\\3\end{pmatrix}$$

令

$$P=\begin{pmatrix}-1&1&1\\1&0&-2\\0&1&3\end{pmatrix}$$

则有

$$P^{-1}AP=\Lambda$$

例 7 已知 $\boldsymbol{A}=\begin{pmatrix}-2&0&0\\2&x&2\\3&1&1\end{pmatrix}$相似于 $\boldsymbol{B}=\begin{pmatrix}-1&&\\&2&\\&&y\end{pmatrix}$,求 x 和 y.

解 可得

$$\operatorname{tr}\boldsymbol{A}=\operatorname{tr}\boldsymbol{B}\Rightarrow x-1=y+1\Rightarrow y=x-2$$
$$\det(\boldsymbol{A}-2\boldsymbol{E})=0\Rightarrow 4x=0\Rightarrow x=0$$

故 $x=0,y=-2$.

4.2.5 矩阵标准化

例 8 $f(x_1,x_2,x_3)=2x_1^2+5x_2^2+5x_3^2+4x_1x_2-4x_1x_3-8x_2x_3$.
用正交变换化 $f(x_1,x_2,x_3)$ 为标准形.

解 f 的矩阵

$$\boldsymbol{A}=\begin{pmatrix}2&2&-2\\2&5&-4\\-2&-4&5\end{pmatrix}$$

$\boldsymbol{A}$ 的特征多项式

$$\varphi(\lambda)=-(\lambda-1)^2(\lambda-10)$$

$\lambda_1=\lambda_2=1$ 的两个正交的特征向量为

$$\boldsymbol{p}_1=\begin{pmatrix}0\\1\\1\end{pmatrix},\boldsymbol{p}_2=\begin{pmatrix}4\\-1\\1\end{pmatrix}$$

$\lambda_3=10$ 的特征向量为

$$\boldsymbol{p}_3=\begin{pmatrix}1\\2\\-2\end{pmatrix}$$

正交矩阵

$$\boldsymbol{Q}=\begin{pmatrix}0&\frac{4}{3\sqrt{2}}&\frac{1}{3}\\\frac{1}{\sqrt{2}}&-\frac{1}{3\sqrt{2}}&\frac{2}{3}\\\frac{1}{\sqrt{2}}&\frac{1}{3\sqrt{2}}&-\frac{2}{3}\end{pmatrix}$$

正交变换 $\boldsymbol{x}=\boldsymbol{Q}\boldsymbol{y}$,标准形

$$f=y_1^2+y_2^2+10y_3^2$$

例 9 $f(x_1,\cdots,x_4)=2x_1x_2+2x_1x_3-2x_1x_4-2x_2x_3+2x_2x_4+2x_3x_4$.
用正交变换化 $f(x_1,x_2,x_3,x_4)$ 为标准形.

解 f 的矩阵

$$A=\begin{pmatrix}0&1&1&-1\\1&0&-1&1\\1&-1&0&1\\-1&1&1&0\end{pmatrix}$$

A 的特征多项式

$$\varphi(\lambda)=(\lambda-1)^3(\lambda+3)$$

求正交矩阵 Q 和对角矩阵 Λ，使得 $Q^{T}AQ=\Lambda$，有

$$Q=\begin{pmatrix}\frac{1}{\sqrt{2}}&0&\frac{1}{2}&-\frac{1}{2}\\\frac{1}{\sqrt{2}}&0&-\frac{1}{2}&\frac{1}{2}\\0&\frac{1}{\sqrt{2}}&\frac{1}{2}&\frac{1}{2}\\0&\frac{1}{\sqrt{2}}&-\frac{1}{2}&-\frac{1}{2}\end{pmatrix},\Lambda=\begin{pmatrix}1&&&\\&1&&\\&&1&\\&&&-3\end{pmatrix}$$

正交变换 $x=Qy$，标准形

$$f=y_1^2+y_2^2+y_3^2-3y_4^2$$

例 10 $f(x_1,x_2,x_3)=2x_1^2+5x_2^2+5x_3^2+4x_1x_2-4x_1x_3-8x_2x_3$.
用配方法化 $f(x_1,x_2,x_3)$ 为标准形.

解 可得

$$\begin{aligned}f=&2[x_1^2+2x_1(x_2-x_3)]+5x_2^2+5x_3^2-8x_2x_3=\\&2[(x_1+x_2-x_3)^2-(x_2-x_3)^2]+5x_2^2+5x_3^2-8x_2x_3=\\&2(x_1+x_2-x_3)^2+3x_2^2-4x_2x_3+3x_3^2=\\&2(x_1+x_2-x_3)^2+3[(x_2-\frac{2}{3}x_3)^2-\frac{4}{9}x_3^2]+3x_3^2=\\&2(x_1+x_2-x_3)^2+3(x_2-\frac{2}{3}x_3)^2+\frac{5}{3}x_3^2\end{aligned}$$

令

$$\begin{cases}y_1=x_1+x_2-x_3\\y_2=x_2-\frac{2}{3}x_3\\y_1=x_3\end{cases}$$

则

$$\begin{cases}x_1=y_1-y_2+\frac{1}{3}y_3\\x_2=y_2+\frac{2}{3}y_3\\x_3=y_3\end{cases}$$

可逆变换

$$x=Cy$$

$$C = \begin{pmatrix} 1 & -1 & \frac{1}{3} \\ 0 & 1 & \frac{2}{3} \\ 0 & 0 & 1 \end{pmatrix}$$

标准形

$$f = 2y_1^2 + 3y_2^2 + \frac{5}{3}y_3^2 \quad (\text{与例 7 结果不同})$$

4.2.6　二次型的正定性

例 11　设 $A = (a_{ij})_{n\times n}$ 实对称，则：

(1) A 为正定矩阵 $\Rightarrow a_{ii} > 0(i = 1,2,\cdots,n)$；

(2) A 为负定矩阵 $\Rightarrow a_{ii} < 0(i = 1,2,\cdots,n)$.

证　取 $x = \varepsilon_i = (0,\cdots,0,1,0,\cdots,0)^{\mathrm{T}}$，则有

$$f\text{ 正定} \Rightarrow f = x^{\mathrm{T}}Ax = a_{ii} > 0 \quad (i = 1,2,\cdots,n)$$
$$f\text{ 负定} \Rightarrow f = x^{\mathrm{T}}Ax = a_{ii} < 0 \quad (i = 1,2,\cdots,n)$$

例 12　设 $A = \begin{pmatrix} 1 & 2 & 2 \\ 2 & 1 & 2 \\ 2 & 2 & 1 \end{pmatrix}$，求 $A^k(k = 2,3,\cdots)$.

解　例 1 求得

$$P = \begin{pmatrix} 1 & -1 & -1 \\ 1 & 1 & 0 \\ 1 & 0 & 1 \end{pmatrix}, \Lambda = \begin{pmatrix} 5 & & \\ & -1 & \\ & & -1 \end{pmatrix}$$

使得

$$P^{-1}AP = \Lambda$$
$$A = P\Lambda P^{-1}$$
$$A^k = P\Lambda^k P^{-1}$$

故

$$A^k = \begin{pmatrix} 1 & -1 & -1 \\ 1 & 1 & 0 \\ 1 & 0 & 1 \end{pmatrix} \cdot \begin{pmatrix} 5^k & & \\ & (-1)^k & \\ & & (-1)^k \end{pmatrix} \cdot \frac{1}{3}\begin{pmatrix} 1 & 1 & 1 \\ -1 & 2 & -1 \\ -1 & -1 & 2 \end{pmatrix} =$$
$$\frac{1}{3}\begin{pmatrix} 5^k + 2\delta & 5^k - \delta & 5^k - \delta \\ 5^k - \delta & 5^k + 2\delta & 5^k - \delta \\ 5^k - \delta & 5^k - \delta & 5^k + 2\delta \end{pmatrix} \quad (\delta = (-1)^k)$$

4.3　同步题解析

1. (1) $\lambda_1 = 4, \lambda_2 = -2$；(2) $y_1^2 + y_2^2 - y_3^2$；(3) $(2, +\infty)$

2. CCDA

3. 试用施密特法把下列向量组正交化:

(1) $(\boldsymbol{a}_1,\boldsymbol{a}_2,\boldsymbol{a}_3)=\begin{pmatrix}1&1&1\\1&2&4\\1&3&9\end{pmatrix}$;

(2) $(\boldsymbol{a}_1,\boldsymbol{a}_2,\boldsymbol{a}_3)=\begin{pmatrix}1&1&-1\\0&-1&1\\-1&0&1\\1&1&0\end{pmatrix}$.

解:(1) 根据施密特正交化方法:

令

$$\boldsymbol{b}_1=\boldsymbol{a}_1=\begin{pmatrix}1\\1\\1\end{pmatrix}$$

$$\boldsymbol{b}_2=\boldsymbol{a}_2-\frac{[\boldsymbol{b}_1,\boldsymbol{a}_2]}{[\boldsymbol{b}_1,\boldsymbol{b}_1]}\boldsymbol{b}_1=\begin{pmatrix}-1\\0\\1\end{pmatrix}$$

$$\boldsymbol{b}_3=\boldsymbol{a}_3-\frac{[\boldsymbol{b}_1,\boldsymbol{a}_3]}{[\boldsymbol{b}_1,\boldsymbol{b}_1]}\boldsymbol{b}_1-\frac{[\boldsymbol{b}_2,\boldsymbol{a}_3]}{[\boldsymbol{b}_2,\boldsymbol{b}_2]}\boldsymbol{b}_2=\frac{1}{3}\begin{pmatrix}1\\-2\\1\end{pmatrix}$$

故正交化后得

$$(\boldsymbol{b}_1,\boldsymbol{b}_2,\boldsymbol{b}_3)=\begin{pmatrix}1&-1&\frac{1}{3}\\1&0&-\frac{2}{3}\\1&1&\frac{1}{3}\end{pmatrix}$$

(2) 根据施密特正交化方法令

$$\boldsymbol{b}_1=\boldsymbol{a}_1=\begin{pmatrix}1\\0\\-1\\1\end{pmatrix}$$

$$\boldsymbol{b}_2=\boldsymbol{a}_2-\frac{[\boldsymbol{b}_1,\boldsymbol{a}_2]}{[\boldsymbol{b}_1,\boldsymbol{b}_1]}\boldsymbol{b}_1=\frac{1}{3}\begin{pmatrix}1\\-3\\2\\1\end{pmatrix}$$

$$\boldsymbol{b}_3=\boldsymbol{a}_3-\frac{[\boldsymbol{b}_1,\boldsymbol{a}_3]}{[\boldsymbol{b}_1,\boldsymbol{b}_1]}\boldsymbol{b}_1-\frac{[\boldsymbol{b}_2,\boldsymbol{a}_3]}{[\boldsymbol{b}_2,\boldsymbol{b}_2]}\boldsymbol{b}_2=\frac{1}{5}\begin{pmatrix}-1\\3\\3\\4\end{pmatrix}$$

故正交化后得

$$(\boldsymbol{b}_1,\boldsymbol{b}_2,\boldsymbol{b}_3)=\begin{pmatrix}1 & \frac{1}{3} & -\frac{1}{5}\\ 0 & -1 & \frac{3}{5}\\ -1 & \frac{2}{3} & \frac{3}{5}\\ 1 & \frac{1}{3} & \frac{4}{5}\end{pmatrix}$$

4. 下列矩阵是不是正交阵：

(1) $\begin{pmatrix}1 & -\frac{1}{2} & \frac{1}{3}\\ -\frac{1}{2} & 1 & \frac{1}{2}\\ \frac{1}{3} & \frac{1}{2} & -1\end{pmatrix}$；(2) $\begin{pmatrix}\frac{1}{9} & -\frac{8}{9} & -\frac{4}{9}\\ -\frac{8}{9} & \frac{1}{9} & -\frac{4}{9}\\ -\frac{4}{9} & -\frac{4}{9} & \frac{7}{9}\end{pmatrix}$.

解：(1) 第一个行向量非单位向量，故不是正交阵.

(2) 该方阵每一个行向量均是单位向量，且两两正交，故为正交阵.

5. 设 $\boldsymbol{A}$ 与 $\boldsymbol{B}$ 都是 n 阶正交阵，证明 $\boldsymbol{AB}$ 也是正交阵.

证明：因为 $\boldsymbol{A},\boldsymbol{B}$ 是 n 阶正交阵，故

$$\boldsymbol{A}^{-1}=\boldsymbol{A}^{\mathrm{T}},\boldsymbol{B}^{-1}=\boldsymbol{B}^{\mathrm{T}}$$

$$(\boldsymbol{AB})^{\mathrm{T}}(\boldsymbol{AB})=\boldsymbol{B}^{\mathrm{T}}\boldsymbol{A}^{\mathrm{T}}\boldsymbol{AB}=\boldsymbol{B}^{-1}\boldsymbol{A}^{-1}\boldsymbol{AB}=\boldsymbol{E}$$

故 $\boldsymbol{AB}$ 也是正交阵.

6. 求下列矩阵的特征值和特征向量，并问它们的特征向量是否两两正交？

(1) $\begin{pmatrix}1 & -1\\ 2 & 4\end{pmatrix}$；(2) $\begin{pmatrix}1 & 2 & 3\\ 2 & 1 & 3\\ 3 & 3 & 6\end{pmatrix}$.

解：(1) 可得

$$|\boldsymbol{A}-\lambda\boldsymbol{E}|=\begin{vmatrix}1-\lambda & -1\\ 2 & 4-\lambda\end{vmatrix}=(\lambda-2)(\lambda-3)$$

故 $\boldsymbol{A}$ 的特征值为 $\lambda_1=2,\lambda_2=3$.

当 $\lambda_1=2$ 时，解方程 $(\boldsymbol{A}-2\boldsymbol{E})\boldsymbol{x}=\boldsymbol{0}$，由

$$(\boldsymbol{A}-2\boldsymbol{E})=\begin{pmatrix}-1 & -1\\ 2 & 2\end{pmatrix}\sim\begin{pmatrix}1 & 1\\ 0 & 0\end{pmatrix}$$

得基础解系

$$\boldsymbol{P}_1=\begin{pmatrix}-1\\ 1\end{pmatrix}$$

所以 $k_1\boldsymbol{P}_1(k_1\neq 0)$ 是对应于 $\lambda_1=2$ 的全部特征值向量.

当 $\lambda_2=3$ 时，解方程 $(\boldsymbol{A}-3\boldsymbol{E})\boldsymbol{x}=\boldsymbol{0}$，由

$$(\boldsymbol{A}-3\boldsymbol{E})=\begin{pmatrix}-2 & -1\\ 2 & 1\end{pmatrix}\sim\begin{pmatrix}2 & 1\\ 0 & 0\end{pmatrix}$$

得基础解系

$$\boldsymbol{P}_2=\begin{pmatrix}-\frac{1}{2}\\ 1\end{pmatrix}$$

所以 $k_2\boldsymbol{P}_2(k_2\neq 0)$ 是对应于 $\lambda_3=3$ 的全部特征向量.

因为 $$[\boldsymbol{P}_1,\boldsymbol{P}_2]=\boldsymbol{P}_1^{\mathrm{T}}\boldsymbol{P}_2=(-1,1)\begin{pmatrix}-\frac{1}{2}\\ 1\end{pmatrix}=\frac{3}{2}\neq 0$$

故 $\boldsymbol{P}_1,\boldsymbol{P}_2$ 不正交.

(2) 可得

$$|\boldsymbol{A}-\lambda\boldsymbol{E}|=\begin{vmatrix}1-\lambda & 2 & 3\\ 2 & 1-\lambda & 3\\ 3 & 3 & 6-\lambda\end{vmatrix}=-\lambda(\lambda+1)(\lambda-9)$$

故 $\boldsymbol{A}$ 的特征值为 $\lambda_1=0,\lambda_2=-1,\lambda_3=9$.

当 $\lambda_1=0$ 时,解方程 $\boldsymbol{A}\boldsymbol{x}=\boldsymbol{0}$,由

$$\boldsymbol{A}=\begin{pmatrix}1 & 2 & 3\\ 2 & 1 & 3\\ 3 & 3 & 6\end{pmatrix}\sim\begin{pmatrix}1 & 2 & 3\\ 0 & 1 & 1\\ 0 & 0 & 0\end{pmatrix}$$

得基础解系

$$\boldsymbol{P}_1=\begin{pmatrix}-1\\ -1\\ 1\end{pmatrix}$$

故 $k_1\boldsymbol{P}_1(k_1\neq 0)$ 是对应于 $\lambda_1=0$ 的全部特征值向量.

当 $\lambda_2=-1$ 时,解方程 $(\boldsymbol{A}+\boldsymbol{E})\boldsymbol{x}=\boldsymbol{0}$,由

$$\boldsymbol{A}+\boldsymbol{E}=\begin{pmatrix}2 & 2 & 3\\ 2 & 2 & 3\\ 3 & 3 & 7\end{pmatrix}\sim\begin{pmatrix}2 & 2 & 3\\ 0 & 0 & 1\\ 0 & 0 & 0\end{pmatrix}$$

得基础解系

$$\boldsymbol{P}_2=\begin{pmatrix}-1\\ 1\\ 0\end{pmatrix}$$

故 $k_2\boldsymbol{P}_2(k_2\neq 0)$ 是对应于 $\lambda_2=-1$ 的全部特征值向量.

当 $\lambda_3=9$ 时,解方程 $(\boldsymbol{A}-9\boldsymbol{E})\boldsymbol{x}=\boldsymbol{0}$,由

$$\boldsymbol{A}-9\boldsymbol{E}=\begin{pmatrix}-8 & 2 & 3\\ 2 & -8 & 3\\ 3 & 3 & -3\end{pmatrix}\sim\begin{pmatrix}1 & 1 & -1\\ 0 & 1 & -\frac{1}{2}\\ 0 & 0 & 0\end{pmatrix}$$

得基础解系

$$P_3 = \begin{pmatrix} \frac{1}{2} \\ \frac{1}{2} \\ 1 \end{pmatrix}$$

故 $k_3 P_3(k_3 \neq 0)$ 是对应于 $\lambda_3 = 9$ 的全部特征值向量.

因为

$$[P_1, P_2] = P_1^T P_2 = (-1, -1, 1)\begin{pmatrix} -1 \\ 1 \\ 0 \end{pmatrix} = 0$$

$$[P_2, P_3] = P_2^T P_3 = (-1, 1, 0)\begin{pmatrix} \frac{1}{2} \\ \frac{1}{2} \\ 1 \end{pmatrix} = 0$$

$$[P_1, P_3] = P_1^T P_3 = (-1, -1, 1)\begin{pmatrix} \frac{1}{2} \\ \frac{1}{2} \\ 1 \end{pmatrix} = 0$$

所以 P_1, P_2, P_3 两两正交.

7.设方阵 $A = \begin{pmatrix} 1 & -2 & -4 \\ -2 & x & -2 \\ -4 & -2 & 1 \end{pmatrix}$ 与 $\Lambda = \begin{pmatrix} 5 & 0 & 0 \\ 0 & y & 0 \\ 0 & 0 & -4 \end{pmatrix}$ 相似,求 x, y.

解:方阵 A 与 Λ 相似,则 A 与 Λ 的特征多项式相同,即

$$|A - \lambda E| = |\Lambda - \lambda E| \Rightarrow \begin{vmatrix} 1-\lambda & -2 & -4 \\ -2 & x-\lambda & -2 \\ -4 & -2 & 1-\lambda \end{vmatrix} =$$

$$\begin{vmatrix} 5-\lambda & 0 & 0 \\ 0 & y-\lambda & 0 \\ 0 & 0 & -4-\lambda \end{vmatrix} \Rightarrow \begin{cases} x = 4 \\ y = 5 \end{cases}$$

8.设 A, B 都是 n 阶方阵,且 $|A| \neq 0$,证明 AB 与 BA 相似.

证明:$|A| \neq 0$,则 A 可逆

$$A^{-1}(AB)A = (A^{-1}A)(BA) = BA$$

则 AB 与 BA 相似.

9.设3阶方阵 A 的特征值为 $\lambda_1 = 1, \lambda_2 = 0, \lambda_3 = -1$;对应的特征向量依次为

$$P_1 = \begin{pmatrix} 1 \\ 2 \\ 2 \end{pmatrix}, P_2 = \begin{pmatrix} 2 \\ -2 \\ 1 \end{pmatrix}, P_3 = \begin{pmatrix} -2 \\ -1 \\ 2 \end{pmatrix}$$

求 $\boldsymbol{A}$.

解:根据特征向量的性质知$(\boldsymbol{P}_1,\boldsymbol{P}_2,\boldsymbol{P}_3)$可逆,得

$$(\boldsymbol{P}_1,\boldsymbol{P}_2,\boldsymbol{P}_3)^{-1}\boldsymbol{A}(\boldsymbol{P}_1,\boldsymbol{P}_2,\boldsymbol{P}_3)=\begin{pmatrix}\lambda_1&&\\&\lambda_2&\\&&\lambda_3\end{pmatrix}$$

可得

$$\boldsymbol{A}=(\boldsymbol{P}_1,\boldsymbol{P}_2,\boldsymbol{P}_3)\begin{pmatrix}\lambda_1&&\\&\lambda_2&\\&&\lambda_3\end{pmatrix}(\boldsymbol{P}_1,\boldsymbol{P}_2,\boldsymbol{P}_3)^{-1}$$

得

$$\boldsymbol{A}=\frac{1}{3}\begin{pmatrix}-1&0&2\\0&1&2\\2&2&0\end{pmatrix}$$

10.设3阶对称矩阵 $\boldsymbol{A}$ 的特征值6,3,3,与特征值6对应的特征向量为 $\boldsymbol{P}_1=(1,1,1)^{\mathrm{T}}$,求 $\boldsymbol{A}$.

解:设

$$\boldsymbol{A}=\begin{pmatrix}x_1&x_2&x_3\\x_2&x_4&x_5\\x_3&x_5&x_6\end{pmatrix}$$

由

$$\boldsymbol{A}\begin{pmatrix}1\\1\\1\end{pmatrix}=6\begin{pmatrix}1\\1\\1\end{pmatrix}$$

知

$$\begin{cases}x_1+x_2+x_3=6\\x_2+x_4+x_5=6\\x_3+x_5+x_6=6\end{cases}\qquad ①$$

3是 $\boldsymbol{A}$ 的二重特征值,根据实对称矩阵的性质定理知 $\boldsymbol{A}-3\boldsymbol{E}$ 的秩为1,故利用式①可推出

$$\begin{pmatrix}x_1-3&x_2&x_3\\x_2&x_4-3&x_5\\x_3&x_5&x_6-3\end{pmatrix}\sim\begin{pmatrix}1&1&1\\x_2&x_4-3&x_5\\x_3&x_5&x_6-3\end{pmatrix}$$

秩为1,则存在实的 a,b 使得

$$\begin{cases}(1,1,1)=a(x_2,x_4-3,x_5)\\(1,1,1)=b(x_3,x_5,x_6-3)\end{cases}\qquad ②$$

成立.

由式①,②解得

$$x_2=x_3=1,x_1=x_4=x_6=4,x_5=1$$

得

$$\boldsymbol{A}=\begin{pmatrix}4&1&1\\1&4&1\\1&1&4\end{pmatrix}$$

11. 试求一个正交的相似变换矩阵，将下列对称矩阵化为对角矩阵：

(1) $\begin{pmatrix} 2 & -2 & 0 \\ -2 & 1 & -2 \\ 0 & -2 & 0 \end{pmatrix}$；　(2) $\begin{pmatrix} 2 & 2 & -2 \\ 2 & 5 & -4 \\ -2 & -4 & 5 \end{pmatrix}$.

解：(1) 可得

$$|A - \lambda E| = \begin{vmatrix} 2-\lambda & -2 & 0 \\ -2 & 1-\lambda & -2 \\ 0 & -2 & -\lambda \end{vmatrix} = (1-\lambda)(\lambda-4)(\lambda+2)$$

故得特征值为

$$\lambda_1 = -2, \lambda_2 = 1, \lambda_3 = 4$$

当 $\lambda_1 = -2$ 时，由

$$\begin{pmatrix} 4 & -2 & 0 \\ -2 & 3 & -2 \\ 0 & -2 & 2 \end{pmatrix}\begin{pmatrix} x_1 \\ x_2 \\ x_3 \end{pmatrix} = 0$$

解得

$$\begin{pmatrix} x_1 \\ x_2 \\ x_3 \end{pmatrix} = k_1\begin{pmatrix} 1 \\ 2 \\ 2 \end{pmatrix}$$

单位特征向量可取

$$\boldsymbol{P}_1 = \begin{pmatrix} \frac{1}{3} \\ \frac{2}{3} \\ \frac{2}{3} \end{pmatrix}$$

当 $\lambda_2 = 1$ 时，由

$$\begin{pmatrix} 1 & -2 & 0 \\ -2 & 0 & -2 \\ 0 & -2 & -1 \end{pmatrix}\begin{pmatrix} x_1 \\ x_2 \\ x_3 \end{pmatrix} = 0$$

解得

$$\begin{pmatrix} x_1 \\ x_2 \\ x_3 \end{pmatrix} = k_2\begin{pmatrix} 2 \\ 1 \\ -2 \end{pmatrix}$$

单位特征向量可取

$$\boldsymbol{P}_2 = \begin{pmatrix} \frac{2}{3} \\ \frac{1}{3} \\ -\frac{2}{3} \end{pmatrix}$$

当 $\lambda_3 = 4$ 时，由

$$\begin{pmatrix} -2 & -2 & 0 \\ -2 & -3 & -2 \\ 0 & -2 & -4 \end{pmatrix}\begin{pmatrix} x_1 \\ x_2 \\ x_3 \end{pmatrix} = 0$$

解得

$$\begin{pmatrix} x_1 \\ x_2 \\ x_3 \end{pmatrix} = k_3\begin{pmatrix} 2 \\ -2 \\ 1 \end{pmatrix}$$

单位特征向量可取

$$P_3 = \begin{pmatrix} \frac{2}{3} \\ -\frac{2}{3} \\ \frac{1}{3} \end{pmatrix}$$

得正交阵

$$(P_1, P_2, P_3) = P = \frac{1}{3}\begin{pmatrix} 1 & 2 & 2 \\ 2 & 1 & -2 \\ 2 & -2 & 1 \end{pmatrix}$$

$$P^{-1}AP = \begin{pmatrix} -2 & 0 & 0 \\ 0 & 1 & 0 \\ 0 & 0 & 4 \end{pmatrix}$$

(2) 可得

$$|A - \lambda E| = \begin{pmatrix} 2-\lambda & 2 & -2 \\ 2 & 5-\lambda & -4 \\ -2 & -4 & 5-\lambda \end{pmatrix} = -(\lambda - 1)^2(\lambda - 10)$$

故得特征值为

$$\lambda_1 = \lambda_2 = 1, \lambda_3 = 10$$

当 $\lambda_1 = \lambda_2 = 1$ 时,由

$$\begin{pmatrix} 1 & 2 & -2 \\ 2 & 4 & -4 \\ -2 & -4 & 4 \end{pmatrix}\begin{pmatrix} x_1 \\ x_2 \\ x_3 \end{pmatrix} = \begin{pmatrix} 0 \\ 0 \\ 0 \end{pmatrix}$$

解得

$$\begin{pmatrix} x_1 \\ x_2 \\ x_3 \end{pmatrix} = k_1\begin{pmatrix} -2 \\ 1 \\ 0 \end{pmatrix} + k_2\begin{pmatrix} 2 \\ 0 \\ 1 \end{pmatrix}$$

此二向量正交,单位化后,得两个单位正交的特征向量

$$P_1 = \frac{1}{\sqrt{5}}\begin{pmatrix} -2 \\ 1 \\ 0 \end{pmatrix}$$

$$P_2^* = \begin{pmatrix} -2 \\ 1 \\ 0 \end{pmatrix} - \left(-\frac{4}{5}\right) \times \begin{pmatrix} -2 \\ 1 \\ 0 \end{pmatrix} = \begin{pmatrix} \frac{2}{5} \\ \frac{4}{5} \\ 1 \end{pmatrix}$$

单位化得

$$P_2 = \frac{\sqrt{5}}{3}\begin{pmatrix} \frac{2}{5} \\ \frac{4}{5} \\ 1 \end{pmatrix}$$

当 $\lambda_3 = 10$ 时，由

$$\begin{pmatrix} -8 & 2 & -2 \\ 2 & -5 & -4 \\ -2 & -4 & -5 \end{pmatrix}\begin{pmatrix} x_1 \\ x_2 \\ x_3 \end{pmatrix} = \begin{pmatrix} 0 \\ 0 \\ 0 \end{pmatrix}$$

解得

$$\begin{pmatrix} x_1 \\ x_2 \\ x_3 \end{pmatrix} = k_3\begin{pmatrix} -1 \\ -2 \\ 2 \end{pmatrix}$$

单位化

$$P_3 = \frac{1}{3}\begin{pmatrix} -1 \\ -2 \\ 2 \end{pmatrix}$$

得正交阵

$$(P_1, P_2, P_3) = \begin{pmatrix} -\frac{2}{\sqrt{5}} & \frac{2\sqrt{5}}{15} & -\frac{1}{3} \\ \frac{1}{\sqrt{5}} & \frac{4\sqrt{5}}{15} & -\frac{2}{3} \\ 0 & \frac{\sqrt{5}}{3} & \frac{2}{3} \end{pmatrix}$$

$$P^{-1}AP = \begin{pmatrix} 1 & 0 & 0 \\ 0 & 1 & 0 \\ 0 & 0 & 1 \end{pmatrix}$$

12.(1) 设 $A = \begin{pmatrix} 3 & -2 \\ -2 & 3 \end{pmatrix}$，求 $\varphi(A) = A^{10} - 5A^9$；

(2) 设 $A = \begin{pmatrix} 2 & 1 & 2 \\ 1 & 2 & 2 \\ 2 & 2 & 1 \end{pmatrix}$，求 $\varphi(A) = A^{10} - 6A^9 + 5A^8$.

解:(1) 因为 $A=\begin{pmatrix}3 & 2\\ -2 & 3\end{pmatrix}$ 是实对称矩阵,故可找到正交相似变换矩阵

$$P=\begin{pmatrix}\frac{1}{\sqrt{2}} & -\frac{1}{\sqrt{2}}\\ \frac{1}{\sqrt{2}} & \frac{1}{\sqrt{2}}\end{pmatrix}$$

使得

$$P^{-1}AP=\begin{pmatrix}1 & 0\\ 0 & 5\end{pmatrix}=\Lambda$$

从而

$$A=P\Lambda P^{-1},A^k=P\Lambda^kP^{-1}$$

因此

$$\varphi(A)=A^{10}-5A^9=P\Lambda^{10}P^{-1}-5P\Lambda^9P^{-1}=$$

$$P\begin{pmatrix}1 & 0\\ 0 & 5^{10}\end{pmatrix}P^{-1}-P\begin{pmatrix}5 & 0\\ 0 & 5^{10}\end{pmatrix}P^{-1}=P\begin{pmatrix}-4 & 0\\ 0 & 0\end{pmatrix}P^{-1}=$$

$$\frac{1}{\sqrt{2}}\begin{pmatrix}1 & -1\\ 1 & 1\end{pmatrix}\begin{pmatrix}-4 & 0\\ 0 & 0\end{pmatrix}\frac{1}{\sqrt{2}}\begin{pmatrix}1 & 1\\ -1 & 1\end{pmatrix}=$$

$$\begin{pmatrix}-2 & -2\\ -2 & -2\end{pmatrix}=-2\begin{pmatrix}1 & 1\\ 1 & 1\end{pmatrix}$$

(2) 同(1) 求得正交相似变换矩阵

$$P=\begin{pmatrix}-\frac{\sqrt{6}}{6} & -\frac{1}{\sqrt{2}} & \frac{1}{\sqrt{3}}\\ -\frac{\sqrt{6}}{6} & \frac{1}{\sqrt{2}} & \frac{1}{\sqrt{3}}\\ \frac{\sqrt{6}}{3} & 0 & \frac{1}{\sqrt{3}}\end{pmatrix}$$

使得

$$P^{-1}AP=\begin{pmatrix}-1 & 0 & 0\\ 0 & 1 & 0\\ 0 & 0 & 5\end{pmatrix}=\Lambda,A=P\Lambda P^{-1}$$

$$\varphi(A)=A^{10}-6A^9+5A^8=A^8(A^2-6A+5E)=A^8(A-E)(A-5E)=$$

$$P\Lambda^8P^{-1}\cdot\begin{pmatrix}1 & 1 & 2\\ 1 & 1 & 2\\ 2 & 2 & 0\end{pmatrix}\begin{pmatrix}-3 & 1 & 2\\ 1 & -3 & 2\\ 2 & 2 & -4\end{pmatrix}=2\begin{pmatrix}1 & 1 & -2\\ 1 & 1 & -2\\ -2 & -2 & 4\end{pmatrix}$$

13. 用矩阵记号表示下列二次型:

(1) $f=x^2+4xy+4y^2+2xz+z^2+4yz$;

(2) $f=x^2+y^2-7z^2-2xy-4xz-4yz$;

(3) $f=x_1^2+x_2^2+x_3^2+x_4^2-2x_1x_2+4x_1x_3-2x_1x_4+6x_2x_3-4x_2x_4$.

解:(1) $f=(x,y,z)\begin{pmatrix}1 & 2 & 1\\ 2 & 4 & 2\\ 1 & 2 & 1\end{pmatrix}\begin{pmatrix}x\\ y\\ z\end{pmatrix}$.

(2)$f=(x,y,z)\begin{pmatrix}1 & -1 & -2\\ -1 & 1 & -2\\ -2 & -2 & -7\end{pmatrix}\begin{pmatrix}x\\ y\\ z\end{pmatrix}$.

(3)$f=(x_1,x_2,x_3,x_4)\begin{pmatrix}1 & -1 & 2 & -1\\ -1 & 1 & 3 & -2\\ 2 & 3 & 1 & 0\\ -1 & -2 & 0 & 1\end{pmatrix}\begin{pmatrix}x_1\\ x_2\\ x_3\\ x_4\end{pmatrix}$.

14.求一个正交变换将下列二次型化成标准形:

(1)$f=2x_1^2+3x_2^2+3x_3^2+4x_2x_3$;

(2)$f=x_1^2+x_2^2+x_3^2+x_4^2+2x_1x_2-2x_1x_4-2x_2x_3+2x_3x_4$.

解:(1) 二次型的矩阵为

$$A=\begin{pmatrix}2 & 0 & 0\\ 0 & 3 & 2\\ 0 & 2 & 3\end{pmatrix}$$

$$|A-\lambda E|=\begin{vmatrix}2-\lambda & 0 & 0\\ 0 & 3-\lambda & 2\\ 0 & 2 & 3-\lambda\end{vmatrix}=(2-\lambda)(5-\lambda)(1-\lambda)$$

故 A 的特征值为$\lambda_1=2,\lambda_2=5,\lambda_3=1$.

当 $\lambda_1=2$ 时,解方程$(A-2E)x=0$,由

$$A-2E=\begin{pmatrix}0 & 0 & 0\\ 0 & 1 & 2\\ 0 & 2 & 1\end{pmatrix}\sim\begin{pmatrix}0 & 1 & 2\\ 0 & 0 & 1\\ 0 & 0 & 0\end{pmatrix}$$

得基础解系 $\xi_1=\begin{pmatrix}1\\ 0\\ 0\end{pmatrix}$,取 $P_1=\begin{pmatrix}1\\ 0\\ 0\end{pmatrix}$.

当 $\lambda_2=5$ 时,解方程$(A-5E)x=0$,由

$$A-5E=\begin{pmatrix}-3 & 0 & 0\\ 0 & -2 & 2\\ 0 & 2 & -2\end{pmatrix}\sim\begin{pmatrix}1 & 0 & 0\\ 0 & 1 & -1\\ 0 & 0 & 0\end{pmatrix}$$

得基础解系 $\xi_2=\begin{pmatrix}0\\ 1\\ 1\end{pmatrix}$,取 $P_2=\begin{pmatrix}0\\ \frac{1}{\sqrt{2}}\\ \frac{1}{\sqrt{2}}\end{pmatrix}$.

当 $\lambda_3=1$ 时,解方程$(A-E)x=0$,由

$$A-E=\begin{pmatrix}1 & 0 & 0\\ 0 & 2 & 2\\ 0 & 2 & 2\end{pmatrix}\sim\begin{pmatrix}1 & 0 & 0\\ 0 & 1 & 1\\ 0 & 0 & 0\end{pmatrix}$$

得基础解系 $\xi_3=\begin{pmatrix}0\\-1\\1\end{pmatrix}$,取 $P_3=\begin{pmatrix}0\\-\frac{1}{\sqrt{2}}\\\frac{1}{\sqrt{2}}\end{pmatrix}$,于是正交变换为

$$\begin{pmatrix}x_1\\x_2\\x_3\end{pmatrix}=\begin{pmatrix}1&0&0\\0&\frac{1}{\sqrt{2}}&-\frac{1}{\sqrt{2}}\\0&\frac{1}{\sqrt{2}}&\frac{1}{\sqrt{2}}\end{pmatrix}\begin{pmatrix}y_1\\y_2\\y_3\end{pmatrix}$$

且有

$$f=2y_1^2+5y_2^2+y_3^2$$

(2) 二次型矩阵为

$$A=\begin{pmatrix}1&1&0&-1\\1&1&-1&0\\0&-1&1&1\\-1&0&1&1\end{pmatrix}$$

$$|A-\lambda E|=\begin{vmatrix}1-\lambda&1&0&-1\\1&1-\lambda&-1&0\\0&-1&1-\lambda&1\\-1&0&1&1-\lambda\end{vmatrix}=(\lambda+1)(\lambda-3)(\lambda-1)^2$$

故 A 的特征值为

$$\lambda_1=-1,\lambda_2=3,\lambda_3=\lambda_4=1$$

当 $\lambda_1=-1$ 时,可得单位特征向量

$$P_1=\begin{pmatrix}\frac{1}{2}\\-\frac{1}{2}\\-\frac{1}{2}\\\frac{1}{2}\end{pmatrix}$$

当 $\lambda_2=3$ 时,可得单位特征向量

$$P_2=\begin{pmatrix}\frac{1}{2}\\\frac{1}{2}\\-\frac{1}{2}\\-\frac{1}{2}\end{pmatrix}$$

当 $\lambda_3=\lambda_4=1$ 时,可得单位特征向量

$$P_3=\begin{pmatrix}\frac{1}{\sqrt{2}}\\0\\\frac{1}{\sqrt{2}}\\0\end{pmatrix},P_4=\begin{pmatrix}0\\\frac{1}{\sqrt{2}}\\0\\\frac{1}{\sqrt{2}}\end{pmatrix}$$

于是正交变换为

$$\begin{pmatrix}x_1\\x_2\\x_3\\x_4\end{pmatrix}=\begin{pmatrix}\frac{1}{2}&\frac{1}{2}&\frac{1}{\sqrt{2}}&0\\-\frac{1}{2}&\frac{1}{2}&0&\frac{1}{\sqrt{2}}\\-\frac{1}{2}&-\frac{1}{2}&\frac{1}{\sqrt{2}}&0\\\frac{1}{2}&-\frac{1}{2}&0&\frac{1}{\sqrt{2}}\end{pmatrix}\begin{pmatrix}y_1\\y_2\\y_3\\y_4\end{pmatrix}$$

且有
$$f=-y_1^2+3y_2^2+y_3^2+y_4^2$$

15.证明:二次型 $f=\boldsymbol{x}^{\mathrm{T}}\boldsymbol{A}\boldsymbol{x}$ 在 $\|\boldsymbol{x}\|=1$ 时的最大值为矩阵 $\boldsymbol{A}$ 的最大特征值.

证明:$\boldsymbol{A}$ 为实对称矩阵,则有一正交矩阵 $\boldsymbol{T}$,使得

$$\boldsymbol{TAT}^{-1}=\begin{pmatrix}\lambda_1&&&\\&\lambda_2&&\\&&\ddots&\\&&&\lambda_n\end{pmatrix}=\boldsymbol{B}$$

成立,其中 $\lambda_1,\lambda_2,\cdots,\lambda_n$ 为$\boldsymbol{A}$ 的特征值,不妨设 λ_1 最大,$\boldsymbol{T}$ 为正交矩阵,则 $\boldsymbol{T}^{-1}=\boldsymbol{T}^{\mathrm{T}}$ 且 $|\boldsymbol{T}|=1$,故

$$\boldsymbol{A}=\boldsymbol{T}^{-1}\boldsymbol{B}^{\mathrm{T}}=\boldsymbol{T}^{\mathrm{T}}\boldsymbol{B}^{\mathrm{T}}$$

则
$$f=\boldsymbol{x}^{\mathrm{T}}\boldsymbol{A}\boldsymbol{x}=\boldsymbol{x}^{\mathrm{T}}\boldsymbol{T}^{\mathrm{T}}\boldsymbol{B}\boldsymbol{T}\boldsymbol{x}=\boldsymbol{y}^{\mathrm{T}}\boldsymbol{B}\boldsymbol{y}=\lambda_1y_1^2+\lambda_2y_2^2+\cdots+\lambda_ny_n^2$$

其中
$$\boldsymbol{y}=\boldsymbol{T}\boldsymbol{x}$$

当 $\|\boldsymbol{y}\|=\|\boldsymbol{T}\boldsymbol{x}\|=|\boldsymbol{T}|\,\|\boldsymbol{x}\|=\|\boldsymbol{x}\|=1$ 时,即

$$\sqrt{y_1^2+y_2^2+\cdots+y_n^2}=1$$

即

$$y_1^2+y_2^2+\cdots+y_n^2=1$$

$$f_{最大}=(\lambda_1y_1^2+\cdots+\lambda_ny_n^2)_{最大}\underset{y_1=1}{=}\lambda_1$$

故得证.

16.判别下列二次型的正定性:

(1)$f=-2x_1^2-6x_2^2-4x_3^2+2x_1x_2+2x_1x_3$;

(2)$f=x_1^2+3x_2^2+9x_3^2+19x_4^2-2x_1x_2+4x_1x_3+2x_1x_4-6x_2x_4-12x_3x_4$.

解:(1) 可得

$$A=\begin{pmatrix}-2&1&1\\1&-6&0\\1&0&-4\end{pmatrix}$$

$$a_{11}=-2<0,\begin{vmatrix}-2&1\\1&-6\end{vmatrix}=11>0,\begin{vmatrix}-2&1&1\\1&-6&0\\1&0&-4\end{vmatrix}=-38<0$$

故 f 为负定.

(2) 可得

$$A=\begin{pmatrix}1&-1&2&1\\-1&3&0&-3\\2&0&9&-6\\1&-3&-6&19\end{pmatrix}$$

$$a_{11}=1>0,\begin{vmatrix}1&-1\\-1&3\end{vmatrix}=4>0,\begin{vmatrix}1&-1&2\\-1&3&0\\2&0&9\end{vmatrix}=6>0$$

$$|A|=24>0$$

故 f 为正定.

17. 设 $\boldsymbol{U}$ 为可逆矩阵,$\boldsymbol{A}=\boldsymbol{U}^{\mathrm{T}}\boldsymbol{U}$,证明 $f=\boldsymbol{x}^{\mathrm{T}}\boldsymbol{A}\boldsymbol{x}$ 为正定二次型.

证明:设

$$\boldsymbol{U}=\begin{pmatrix}a_{11}&a_{12}&\cdots&a_{1n}\\\vdots&\vdots&&\vdots\\a_{n1}&a_{n2}&\cdots&a_{nn}\end{pmatrix}=(\boldsymbol{\alpha}_1,\boldsymbol{\alpha}_2,\cdots,\boldsymbol{\alpha}_n),\boldsymbol{x}=\begin{pmatrix}x_1\\x_1\\\vdots\\x_n\end{pmatrix}$$

可得

$$\begin{aligned}f=\boldsymbol{x}^{\mathrm{T}}\boldsymbol{A}\boldsymbol{x}&=\boldsymbol{x}^{\mathrm{T}}\boldsymbol{U}^{\mathrm{T}}\boldsymbol{U}\boldsymbol{x}=(\boldsymbol{U}\boldsymbol{x})^{\mathrm{T}}(\boldsymbol{U}\boldsymbol{x})=\\&(a_{11}x_1+\cdots+a_{1n}x_n,a_{21}x_1+\cdots+a_{2n}x_n,\cdots,a_{n1}x_1+\cdots+a_{nn}x_n)\cdot\\&\begin{pmatrix}a_{11}x_1+\cdots+a_{1n}x_n\\a_{21}x_1+\cdots+a_{2n}x_n\\\vdots\\a_{n1}x_1+\cdots+a_{nn}x_n\end{pmatrix}=\\&(a_{11}x_1+\cdots+a_{1n}x_n)^2+(a_{21}x_1+\cdots+a_{2n}x_n)^2+\cdots+\\&(a_{n1}x_1+\cdots+a_{nn}x_n)^2\geqslant 0\end{aligned}$$

若等于 0 成立,则

$$\begin{cases}a_{11}x_1+\cdots+a_{1n}x_n=0\\\quad\vdots\\a_{n1}x_1+\cdots+a_{nn}x_n=0\end{cases}$$

成立，即对任意 $\boldsymbol{x}=\begin{pmatrix}x_1\\x_2\\\vdots\\x_n\end{pmatrix}$ 使 $\alpha_1x_1+\alpha_2x_2+\cdots+\alpha_nx_n=0$ 成立，则 $\boldsymbol{\alpha}_1,\boldsymbol{\alpha}_2,\cdots,\boldsymbol{\alpha}_n$ 线性相关，$\boldsymbol{U}$ 的秩小于 n，则 $\boldsymbol{U}$ 不可逆，与题意产生矛盾.

于是 $f>0$ 成立.

故 $f=\boldsymbol{x}^{\mathrm{T}}\boldsymbol{A}\boldsymbol{x}$ 为正定二次型.

18. 设对称矩阵 $\boldsymbol{A}$ 为正定矩阵，证明：存在可逆矩阵 $\boldsymbol{U}$，使 $\boldsymbol{A}=\boldsymbol{U}^{\mathrm{T}}\boldsymbol{U}$.

证明：$\boldsymbol{A}$ 正定，则矩阵 $\boldsymbol{A}$ 满秩，且其特征值全为正.

不妨设 $\lambda_1,\cdots,\lambda_n$ 为其特征值，$\lambda_i>0,i=1,\cdots,n$.

由教材定理 4.9′ 知，存在一正交矩阵 $\boldsymbol{P}$ 使

$$\boldsymbol{P}^{\mathrm{T}}\boldsymbol{A}\boldsymbol{P}=\boldsymbol{\Lambda}=\begin{pmatrix}\lambda_1&&&\\&\lambda_2&&\\&&\ddots&\\&&&\lambda_n\end{pmatrix}=\begin{pmatrix}\sqrt{\lambda_1}&&&\\&\sqrt{\lambda_2}&&\\&&\ddots&\\&&&\sqrt{\lambda_n}\end{pmatrix}\times\begin{pmatrix}\sqrt{\lambda_1}&&&\\&\sqrt{\lambda_2}&&\\&&\ddots&\\&&&\sqrt{\lambda_n}\end{pmatrix}$$

又因 $\boldsymbol{P}$ 为正交矩阵，则 $\boldsymbol{P}$ 可逆，$\boldsymbol{P}^{-1}=\boldsymbol{P}^{\mathrm{T}}$，所以

$$\boldsymbol{A}=\boldsymbol{P}\boldsymbol{Q}\boldsymbol{Q}^{\mathrm{T}}\boldsymbol{P}^{\mathrm{T}}=\boldsymbol{P}\boldsymbol{Q}\cdot(\boldsymbol{P}\boldsymbol{Q})^{\mathrm{T}}$$

令 $(\boldsymbol{P}\boldsymbol{Q})^{\mathrm{T}}=\boldsymbol{U}$，$\boldsymbol{U}$ 可逆，则 $\boldsymbol{A}=\boldsymbol{U}^{\mathrm{T}}\boldsymbol{U}$.

4.4　验收测试题

一、填空题

1. 已知三阶方阵 $\boldsymbol{A}$ 的三个特征值分别为 1,2,3，则 $|\boldsymbol{A}^2-2\boldsymbol{E}|=$ ________.

2. 二次型 $f(x_1,x_2,x_3)=x_1^2+x_2^2-2x_1x_2$ 的矩阵是________.

3. 设 $\boldsymbol{A}=\begin{pmatrix}5&2&-3\\4&x&-4\\6&4&-4\end{pmatrix}$ 相似于对角阵 $\begin{pmatrix}1&&\\&2&\\&&3\end{pmatrix}$，则 $x=$ ________

4. 设 $\lambda=-2$ 是可逆矩阵 $\boldsymbol{A}$ 的一个特征值，则矩阵 $\boldsymbol{A}+\boldsymbol{A}^{-1}$ 有一个特征值，等于________

5. 设 $\boldsymbol{A}$ 是 3 阶矩阵，$\boldsymbol{A}$ 的特征值 $\lambda_1=0,\lambda_2=-1,\lambda_3=1$，其对应的特征向量分别为 ξ_1,ξ_2,ξ_3，设 $\boldsymbol{P}=(\xi_1,\xi_2,\xi_3)$，则 $\boldsymbol{P}^{-1}\boldsymbol{A}\boldsymbol{P}=$ ________.

二、选择题

1. 设 $\boldsymbol{A},\boldsymbol{P}$ 为同阶可逆方阵，下列矩阵中(　　)必与矩阵 $\boldsymbol{A}$ 具有相同的特征值.

A. $\boldsymbol{A}+\boldsymbol{E}$　　B. $\boldsymbol{P}^{\mathrm{T}}\boldsymbol{A}\boldsymbol{P}$　　C. $\boldsymbol{A}-\boldsymbol{E}$　　D. $\boldsymbol{P}^{-1}\boldsymbol{A}\boldsymbol{P}$

2. n 阶方阵 $\boldsymbol{A}$ 相似于对角矩阵的充分必要条件是 $\boldsymbol{A}$ 有 n 个(　　).

A. 相同的特征值　　B. 互不相同的特征值

C. 线性无关的特征向量　　D. 两两正交的特征向量

3.设 n 阶矩阵 $\boldsymbol{A}$ 满足 $\boldsymbol{A}^2=\boldsymbol{A}$,则 $\boldsymbol{A}$ 的特征值为(　　).

A.0　　B.1　　C. ± 1　　D.0或1

4.下列二次型正定的是(　　).

A.$f(x_1,x_2,x_3)=x_1^2+2x_1x_2+2x_2^2+x_3^2$

B.$f(x_1,x_2,x_3)=x_1^2+2x_2^2$

C.$f(x_1,x_2,x_3)=x_1^2+2x_1x_2+2x_2^2$

D.$f(x_1,x_2,x_3)=x_1^2+2x_1x_2+2x_2^2-x_3^2$

三、计算题

1.已知3阶方阵 $\boldsymbol{A}$ 的三个特征值为1,1,2,对应的特征向量分别为 $\boldsymbol{\eta}_1=(1,2,1)^{\mathrm{T}}$,$\boldsymbol{\eta}_2=(1,1,0)^{\mathrm{T}}$,$\boldsymbol{\eta}_3=(2,0,-1)^{\mathrm{T}}$,求 $\boldsymbol{A}$.

2.用配方法化二次型 $f(x_1,x_2,x_3)=x_1^2+2x_1x_2+2x_2^2+2x_2x_3$ 为标准型.

3.用正交变换法化二次型 $f(x_1,x_2,x_3)=3x_1^2+2x_1x_2+2x_1x_3+3x_2^2+2x_2x_3+3x_3^2$ 为标准型,并求出所用的正交变换阵.

4.判断 $f(x_1,x_2,x_3)=2x_1^2+2x_1x_2+4x_1x_3+2x_2^2+2x_2x_3+3x_3^2$ 是否为正定二次型.

5.设二次型 $f=x_1^2+4x_2^2+4x_3^2+2\lambda x_1x_2-2x_1x_3+4x_2x_3$,问 λ 取何值时,f 为正定二次型?

四、证明题

设 $\boldsymbol{A},\boldsymbol{B}$ 都是 n 阶矩阵,且 $\boldsymbol{A}$ 可逆,证明 $\boldsymbol{AB}$ 与 $\boldsymbol{BA}$ 有相同的特征值.

4.5　验收测试题答案

一、1. -14;2.$\begin{pmatrix}1&-1\\-1&1\end{pmatrix}$;3.5;4. $-\frac{5}{2}$;5.$\begin{pmatrix}0&&\\&-1&\\&&1\end{pmatrix}$.

二、DBDA

三、1.$\boldsymbol{A}=\begin{pmatrix}3&-2&2\\0&1&0\\-1&1&0\end{pmatrix}$

2.$f=y_1^2+y_2^2-y_3^2$

3.正交变换阵为 $\boldsymbol{P}=\begin{pmatrix}\frac{\sqrt{3}}{3}&\frac{\sqrt{2}}{2}&\frac{\sqrt{6}}{6}\\\frac{\sqrt{3}}{3}&-\frac{\sqrt{2}}{2}&\frac{\sqrt{6}}{6}\\\frac{\sqrt{3}}{3}&0&-\frac{\sqrt{6}}{3}\end{pmatrix}$,$f=5y_1^2+2y_2^2+2y_3^2$

4.二次型为正定二次型.

5. $-2<\lambda<1$.

四、证明略.

自测习题

自测习题一

一、填空题(每小题4分,共20分)

1. $\begin{vmatrix} a & b \\ a^2 & b^2 \end{vmatrix} =$ ________.

2. $a_{i1}A_{s1} + a_{i2}A_{s2} + \cdots + a_{in}A_{sn} =$ ________.$(i \neq s)$

3. 设 $\boldsymbol{A}$ 为三阶方阵,$\boldsymbol{A}^*$ 为 $\boldsymbol{A}$ 的伴随方阵,且 $|\boldsymbol{A}| = \frac{1}{2}$,则 $|(3\boldsymbol{A})^{-1} - 2\boldsymbol{A}^*| =$ ________.

4. 设 $D = \begin{vmatrix} 1 & 0 & 2 \\ -1 & 3 & a \\ 2 & -1 & 4 \end{vmatrix}$,则 D 中元素 a 的代数余子式是________.

5. 设 $\boldsymbol{A} = \begin{pmatrix} 1 & 2 \\ 2 & 5 \end{pmatrix}$,则 $\boldsymbol{A}^{-1} =$ ________.

二、选择题(每小题4分,共20分)

1. 设 $\boldsymbol{\alpha}_1,\boldsymbol{\alpha}_2,\boldsymbol{\alpha}_3$ 线性相关,$\boldsymbol{\alpha}_2,\boldsymbol{\alpha}_3,\boldsymbol{\alpha}_4$ 线性无关,则下面结论正确的是(　　).

A. $\boldsymbol{\alpha}_1$ 不能用 $\boldsymbol{\alpha}_2,\boldsymbol{\alpha}_3$ 线性表出　　B. $\boldsymbol{\alpha}_2$ 能由 $\boldsymbol{\alpha}_1,\boldsymbol{\alpha}_3,\boldsymbol{\alpha}_4$ 线性表出

C. $\boldsymbol{\alpha}_4$ 能由 $\boldsymbol{\alpha}_1,\boldsymbol{\alpha}_2,\boldsymbol{\alpha}_3$ 线性表出　　D. $\boldsymbol{\alpha}_4$ 不能由 $\boldsymbol{\alpha}_1,\boldsymbol{\alpha}_2,\boldsymbol{\alpha}_3$ 线性表出

2. $\begin{vmatrix} k & -1 & 1 \\ 0 & -1 & 0 \\ 4 & k & k \end{vmatrix} > 0$ 的充分必要条件是(　　).

A. $k < 0$　　B. $k > 2$　　C. $|k| > 2$　　D. $|k| < 2$

3. 下列命题正确的是(　　).

A. 任意 n 个 $n+1$ 维向量必线性相关

B. 设 $\boldsymbol{A}$ 为任意 n 阶方阵,必有 $\boldsymbol{A} \sim \boldsymbol{E}$

C. 若 $\boldsymbol{\alpha}_1,\boldsymbol{\alpha}_2,\cdots,\boldsymbol{\alpha}_s$ 线性相关,则 $\boldsymbol{\alpha}_1$ 必能用 $\boldsymbol{\alpha}_2,\cdots,\boldsymbol{\alpha}_s$ 线性表示

D. 一组向量线性无关,则它的部分向量组必线性无关

4. 设两个 n 阶矩阵 $\boldsymbol{A}$ 与 $\boldsymbol{B}$ 相似,则(　　)一定成立.

A. $\boldsymbol{A}$ 与 $\boldsymbol{B}$ 有相同的特征向量　　B. $\boldsymbol{A}$ 与 $\boldsymbol{B}$ 有不相同的特征向量

C. $\boldsymbol{A}$ 与 $\boldsymbol{B}$ 有不同的特征值　　D. $\boldsymbol{A}$ 与 $\boldsymbol{B}$ 有相同的特征值

5. 设矩阵$A_{3\times4}=\begin{pmatrix}\boldsymbol{\alpha}_1\\ \boldsymbol{\alpha}_2\\ \boldsymbol{\alpha}_3\end{pmatrix}=(\boldsymbol{\beta}_1\quad\boldsymbol{\beta}_2\quad\boldsymbol{\beta}_3\quad\boldsymbol{\beta}_4)$,且$\boldsymbol{R}(\boldsymbol{A})=3$,则(　　)一定成立.

A. $\boldsymbol{\alpha}_1,\boldsymbol{\alpha}_2,\boldsymbol{\alpha}_3$线性无关　　B. $\boldsymbol{\alpha}_1,\boldsymbol{\alpha}_2,\boldsymbol{\alpha}_3$线性相关

C. $\boldsymbol{\beta}_1,\boldsymbol{\beta}_2,\boldsymbol{\beta}_3,\boldsymbol{\beta}_4$线性无关　　D. $\boldsymbol{\beta}_1,\boldsymbol{\beta}_2,\boldsymbol{\beta}_3$线性无关

三、计算题(第1～5小题每小题8分,第6小题10分,共50分)

1. 设$D=\begin{vmatrix}1&-1&1&3\\1&1&3&4\\1&1&2&3\\2&2&3&4\end{vmatrix}$,计算$A_{41}+A_{42}+A_{43}+A_{44}$的值,其中$A_{4j}$为元素$a_{4j}(j=1,2,3,4)$的代数余子式.

2. 判定二次型$f=-5x^2-6y^2-4z^2+4xy+4xz$的正定性.

3. 设$\boldsymbol{A}=\begin{pmatrix}1&0&0\\-2&1&0\\7&-2&1\end{pmatrix}$,$\boldsymbol{B}=\begin{pmatrix}1&1\\1&2\\-1&0\end{pmatrix}$的解矩阵方程$\boldsymbol{AX}=\boldsymbol{B}$,求矩阵$\boldsymbol{X}$.

4. 设$\boldsymbol{A}=\begin{pmatrix}1&-2&-4\\-2&x&-2\\-4&-2&1\end{pmatrix}$与$\boldsymbol{\lambda}=\begin{pmatrix}5&0&0\\0&-4&0\\0&0&y\end{pmatrix}$相似,求出$x,y$的值.

5. 设有方程组$\begin{cases}(1+\lambda)x_1+x_2+x_3=0\\x_1+(1+\lambda)x_2+x_3=3\\x_1+x_2+(1+\lambda)x_3=\lambda\end{cases}$,求:(1)$\lambda$何值时有唯一值;(2)$\lambda$为何值时无解;(3)$\lambda$为何值时有多个解,求出全部解.

6. 设$\boldsymbol{A}=\begin{pmatrix}2&0&0\\1&2&-1\\1&0&1\end{pmatrix}$,求可逆矩阵$\boldsymbol{P}$,使$\boldsymbol{P}^{-1}\boldsymbol{AP}=\boldsymbol{\Lambda}$为对角阵.

四、证明题(10分)

设矩阵$\boldsymbol{A}$可逆,求证其伴随矩阵$\boldsymbol{A}^*$也可逆,且$(\boldsymbol{A}^*)^{-1}=(\boldsymbol{A}^{-1})^*$.

自测习题二

一、填空题(每小题4分,共20分)

1. 设$\boldsymbol{A}=\begin{pmatrix}1&0&2&-1\\0&1&0&3\\0&0&3&4\end{pmatrix}$,则$R(\boldsymbol{A})=$______.

2. 设$\boldsymbol{A}$为3阶方阵,若$|\boldsymbol{A}|=2$,则$|(-2)\boldsymbol{A}|=$______.

3. 向量组$\boldsymbol{A}:\boldsymbol{a}_1,\boldsymbol{a}_2,\cdots,\boldsymbol{a}_m$线性相关的充分必要条件是______.

4. 齐次线性方程组$\begin{cases}x_1+x_2+x_3+x_4=0\\3x_1+2x_2+x_3+2x_4=0\end{cases}$的基础解系含解向量的个数是

________.

5.向量组 $A:a_1=(1,0,0)^T,a_2=(0,1,0)^T,a_3=(2,1,0)^T$ 的一个最大无关组是________.

二、选择题（每小题2分，共10分）

1.下列(　　)是5元偶排列.

A.54321　　B.54123　　C.32451　　D.13245

2.若 A 是(　　)，则 A 必为方阵.

A.n 阶矩阵的转置矩阵　　B.可逆矩阵

C.线性方程组的系数矩阵　　D.对称矩阵

3.若有矩阵 $A_{m\times n}$ 和 $B_{n\times m}(m\neq n)$，则下列运算结果为 n 阶矩阵的是(　　).

A.AB　　B.BA　　C.A^TB^T　　D.$(BA)^T$

4.设 A 为 $m\times n$ 矩阵，且 $R(A)=r<m<n$，则(　　).

A.A 中每一个阶数大于 r 的子式全为零

B.A 中 r 阶子式不全为零

C.A 经过初等变换可以化为 $F=\begin{pmatrix}E_r & 0\\ 0 & 0\end{pmatrix}$

D.A 不可能是满秩阵

5.设向量组 $a_1=(1,0,0)^T,a_2=(0,0,1)^T$，则 $\beta=$(　　)时，β 是 a_1,a_2 的线性组合.

A.$(-3,0,4)^T$　B.$(2,0,0)^T$　C.$(0,-1,0)^T$　D.$(1,1,0)^T$

三、判断题（每小题2分，共10分，正确的划"√"，错误的划"×"）

1.设 $a_1,a_2,a_3,\cdots,a_m$ 为 n 维向量组，A 是 $m\times n$ 矩阵，若 $a_1,a_2,a_3,\cdots,a_m$ 线性相关，则 $Aa_1,Aa_2,Aa_3,\cdots,Aa_m$ 也线性相关(　　).

2.若 $a_1,a_2,a_3,\cdots,a_m$ 线性无关，则其中每一个向量都不是其余向量的线性组合(　　).

3.设 $a_1,a_2,a_3,\cdots,a_m$ 为 n 维向量，若 $0a_1+0a_2+0a_3+\cdots+0a_m=\mathbf{0}$，则 $a_1,a_2,a_3,\cdots,a_m$ 线性无关(　　).

4.设 A,B,C,E 为同阶矩阵，E 为单位矩阵，若 $ABC=E$，则 $ACB=E$ 总是成立的(　　).

5.齐次线性方程组 $AX=\mathbf{0}$ 是线性方程组 $AX=B$ 的导出方程组，若 η 是 $AX=\mathbf{0}$ 的通解，η^* 是 $AX=B$ 的一个固定解，则 $\eta+\eta^*$ 是 $AX=B$ 的通解(　　).

四、计算题（第1～4小题每小题8分，第5,6小题每小题10分，共52分）

1.$D=\begin{vmatrix}3&1&1&1\\1&3&1&1\\1&1&3&1\\1&1&1&3\end{vmatrix}$.

2. 设 $\boldsymbol{A}=\begin{pmatrix}1&1&1&1\\-1&3&1&3\\1&1&0&-5\\2&-4&-1&-3\end{pmatrix}$,求 $R(\boldsymbol{A})$.

3. 用初等行变换法求矩阵 $\boldsymbol{A}=\begin{pmatrix}1&-2&1\\2&-3&1\\3&1&-3\end{pmatrix}$ 的逆矩阵.

4. 设 $\boldsymbol{A}=\begin{pmatrix}1&0&0\\-2&1&0\\7&-2&1\end{pmatrix}$,$\boldsymbol{B}=\begin{pmatrix}1&1\\1&2\\-1&0\end{pmatrix}$ 的解矩阵方程 $\boldsymbol{AX}=\boldsymbol{B}$,求矩阵 $\boldsymbol{X}$.

5. 设矩阵 $\boldsymbol{A}=\begin{pmatrix}1&1&-2&1&4\\2&-1&-1&1&2\\4&-6&2&-2&4\\3&6&-9&7&9\end{pmatrix}$,求矩阵 $\boldsymbol{A}$ 的列向量组的一个最大无关组.

6. 求齐次线性方程组 $\begin{cases}x_1+x_2+x_3+x_4+x_5=0\\3x_1+2x_2+x_3+x_4-3x_5=0\\5x_1+4x_2+3x_3+3x_4-x_5=0\\x_2+2x_3+2x_4+6x_5=0\end{cases}$ 的基础解系与通解.

五、证明题(8 分)

已知向量组 $\boldsymbol{a}_1,\boldsymbol{a}_2,\boldsymbol{a}_3$ 线性无关,$\boldsymbol{\beta}_1=\boldsymbol{a}_1+\boldsymbol{a}_2$,$\boldsymbol{\beta}_2=\boldsymbol{a}_2+\boldsymbol{a}_3$,$\boldsymbol{\beta}_3=\boldsymbol{a}_3+\boldsymbol{a}_1$,试证向量组 $\boldsymbol{\beta}_1,\boldsymbol{\beta}_2,\boldsymbol{\beta}_3$ 线性无关.

自测习题三

一、填空题(每小题 3 分,共 30 分)

1. 设 $f(x)=\begin{vmatrix}x&x&1\\1&x&2\\2&3&x\end{vmatrix}$,则 x^3 的系数是________.

2. 排列 3712456 的逆序数为________.

3. 设行列式 $D=\begin{vmatrix}1&2&5&5\\1&1&1&1\\1&5&3&7\\5&3&-2&2\end{vmatrix}$,则 $A_{41}+A_{42}+A_{43}+A_{44}=$ ________,其中 A_{4j} 为元素 $a_{4j}(j=1,2,3,4)$ 的代数余子式.

4. 设 $\boldsymbol{A}$ 为 4 阶矩阵,且 $|\boldsymbol{A}|=2$,则 $||\boldsymbol{A}|\boldsymbol{A}|=$ ________.

5. 已知 $\boldsymbol{A}^3=\boldsymbol{I}$,则 $\boldsymbol{A}^{-1}=$ ________.

6. 设 $\boldsymbol{A}=\begin{pmatrix}2&-3&1\\1&a&1\\5&0&3\end{pmatrix}$,且 $r(\boldsymbol{A})=2$,则 $a=$ ________.

7.已知 $\boldsymbol{\alpha}=(3,5,7)^{T},\boldsymbol{\beta}=(-1,5,2)^{T},\boldsymbol{x}$ 满足 $2\boldsymbol{\alpha}+3\boldsymbol{x}=\boldsymbol{\beta}$,则 $\boldsymbol{x}=$ ________.

8.已知 $\boldsymbol{\alpha}_1=(1,4,3)^{T},\boldsymbol{\alpha}_2=(2,t,-1)^{T},\boldsymbol{\alpha}_3=(-2,3,1)^{T}$ 线性相关,则 $t=$ ________.

9.已知矩阵 $\boldsymbol{A}=\begin{pmatrix}3&1\\5&-1\end{pmatrix}$,则 $\boldsymbol{A}$ 的特征值为________.

10.齐次线性方程组 $\begin{cases}x_1+x_2+x_3+x_4=0\\3x_1+2x_2+x_3+2x_4=0\end{cases}$ 的基础解系含有解向量的个数是________.

二、选择题(每小题2分,共10分)

1.已知 $\begin{vmatrix}a_{11}&a_{12}&a_{13}\\a_{21}&a_{22}&a_{23}\\a_{31}&a_{32}&a_{33}\end{vmatrix}=3$,则 $\begin{vmatrix}a_{11}&2a_{13}-3a_{12}&3a_{13}\\a_{21}&2a_{23}-3a_{22}&3a_{23}\\a_{31}&2a_{33}-3a_{32}&3a_{33}\end{vmatrix}=$ (　　).

A.27　　B.-27　　C.18　　D.-18

2.$\boldsymbol{A},\boldsymbol{B}$ 均为 n 阶可逆矩阵,正确的公式是(　　).

A.$(\boldsymbol{A}^2)^{-1}=(\boldsymbol{A}^{-1})^2$　　B.$(k\boldsymbol{A})^{-1}=k\boldsymbol{A}^{-1}(k\neq 0)$

C.$(\boldsymbol{A}+\boldsymbol{B})^{-1}=\boldsymbol{A}^{-1}+\boldsymbol{B}^{-1}$　　D.$(\boldsymbol{A}+\boldsymbol{B})(\boldsymbol{A}-\boldsymbol{B})=\boldsymbol{A}^2-\boldsymbol{B}^2$

3.设 $\boldsymbol{A}$ 是 $m\times n$ 阶矩阵,$\boldsymbol{C}$ 是 n 阶可逆矩阵,$r(\boldsymbol{A})=r,r(\boldsymbol{AC})=r_1$,则(　　).

A.$r>r_1$　　B.$r<r_1$　　C.$r=r_1$　　D.r 与 r_1 的关系随 $\boldsymbol{C}$ 而定

4.设 $\boldsymbol{A}$ 是 $m\times n$ 阶矩阵,且 $m<n$,若 $\boldsymbol{A}$ 的行向量组线性无关,则(　　).

A.$\boldsymbol{AX}=\boldsymbol{b}$ 有无穷多解　　B.$\boldsymbol{AX}=\boldsymbol{b}$ 有唯一解

C.$\boldsymbol{AX}=\boldsymbol{b}$ 无解　　D.$\boldsymbol{AX}=\boldsymbol{0}$ 仅有零解

5.设 $\boldsymbol{A}$ 是 n 阶方阵,且 $r(\boldsymbol{A})=n-1$,若 $\boldsymbol{\alpha}_1,\boldsymbol{\alpha}_2$ 是非齐次线性方程组 $\boldsymbol{Ax}=\boldsymbol{b}$ 的两个不同的解,则 $\boldsymbol{Ax}=\boldsymbol{0}$ 的通解为(　　).

A.$K\boldsymbol{\alpha}_1$　　B.$K\boldsymbol{\alpha}_2$　　C.$K(\boldsymbol{\alpha}_1-\boldsymbol{\alpha}_2)$　D.$K(\boldsymbol{\alpha}_1+\boldsymbol{\alpha}_2)$

三、计算题(每小题8分,共40分)

1.计算行列式 $\begin{vmatrix}1&2&3&4\\1&0&1&2\\3&-1&-1&0\\1&2&0&5\end{vmatrix}$.

2.已知 $\boldsymbol{A}=\begin{pmatrix}5&-2&1\\3&4&1\end{pmatrix},\boldsymbol{B}=\begin{pmatrix}-3&2&0\\-2&0&1\end{pmatrix}$,试求 $2\boldsymbol{A}-5\boldsymbol{B},\boldsymbol{AB}^{T},|\boldsymbol{BA}^{T}|$.

3.求矩阵 $\boldsymbol{A}=\begin{pmatrix}1&2&3\\2&1&2\\1&3&4\end{pmatrix}$ 的逆矩阵.

4.用初等行变换求矩阵 $\boldsymbol{A}=\begin{pmatrix}1&3&-1&-2\\2&-1&2&3\\3&2&1&1\\1&-4&5&5\end{pmatrix}$ 的秩.

5. 求向量组 $\boldsymbol{\alpha}_1=(2,4,2)^{\mathrm{T}},\boldsymbol{\alpha}_2=(1,1,0)^{\mathrm{T}},\boldsymbol{\alpha}_3=(2,3,1)^{\mathrm{T}},\boldsymbol{\alpha}_4=(3,5,2)^{\mathrm{T}}$ 的一个极大无关组,并把其余向量用该极大无关组线性表示.

四、解方程组(10 分)

用基础解系表示下面方程组的全部解

$$\begin{cases} x_1+5x_2-x_3-x_4=-1 \\ x_1-2x_2+x_3+3x_4=3 \\ 3x_1+8x_2-x_3+x_4=1 \\ x_1-9x_2+3x_3+7x_4=7 \end{cases}$$

五、证明题(10 分)

设 $\boldsymbol{\alpha}_1,\boldsymbol{\alpha}_2,\boldsymbol{\alpha}_3$ 线性无关,且 $\boldsymbol{\beta}_1=\boldsymbol{\alpha}_1-\boldsymbol{\alpha}_2+2\boldsymbol{\alpha}_3,\boldsymbol{\beta}_2=2\boldsymbol{\alpha}_1+\boldsymbol{\alpha}_3,\boldsymbol{\beta}_3=4\boldsymbol{\alpha}_1+\boldsymbol{\alpha}_2-2\boldsymbol{\alpha}_3$,证明 $\boldsymbol{\beta}_1,\boldsymbol{\beta}_2,\boldsymbol{\beta}_3$ 线性无关.

自测习题四

一、填空题(每小题 3 分,共 15 分)

1. 设行列式 $D=\begin{vmatrix} 1 & 2 & 5 & 5 \\ 1 & 1 & 1 & 1 \\ 1 & 5 & 3 & 7 \\ 5 & 3 & -2 & 2 \end{vmatrix}$,则 $A_{41}+A_{42}+A_{43}+A_{44}=$ ________,其中 A_{4j} 为元素 $a_{4j}(j=1,2,3,4)$ 的代数余子式.

2. 设 $\boldsymbol{A}$ 为 3 阶矩阵,且 $|\boldsymbol{A}|=4$,则 $\left|\left(\frac{1}{2}\boldsymbol{A}\right)^2\right|=$ ________.

3. 设 $\boldsymbol{A}=\begin{pmatrix} 2 & -3 & 1 \\ 1 & a & 1 \\ 5 & 0 & 3 \end{pmatrix}$,且 $R(\boldsymbol{A})=2$,则 $a=$ ________.

4. 已知 $\boldsymbol{a}_1=(1,4,3)^{\mathrm{T}},\boldsymbol{a}_2=(2,t,-1)^{\mathrm{T}},\boldsymbol{a}_3=(-2,3,1)^{\mathrm{T}}$ 线性相关,则 $t=$ ________.

5. 已知 $\boldsymbol{a}=(3,5,7,9)^{\mathrm{T}},\boldsymbol{b}=(-1,5,2,0)^{\mathrm{T}},\boldsymbol{x}$ 满足 $2\boldsymbol{a}+3\boldsymbol{x}=\boldsymbol{b}$,则 $\boldsymbol{x}=$ ________.

二、选择题(每小题 3 分,共 15 分)

1. 下列排列是偶排列的是(　　).

A. 54321　　B. 54123　　C. 23415　　D. 13245

2. 设 $\boldsymbol{A},\boldsymbol{B}$ 都是 n 阶方阵,且 $\boldsymbol{AB}=\boldsymbol{0}$,则必有(　　).

A. $\boldsymbol{A}=\boldsymbol{0}$ 或 $\boldsymbol{B}=\boldsymbol{0}$　　B. $\boldsymbol{AB}=\boldsymbol{0}$

C. $|\boldsymbol{A}|=0$ 或 $|\boldsymbol{B}|=0$　　D. $|\boldsymbol{A}|+|\boldsymbol{B}|=0$

3. 设 $\boldsymbol{A}$ 是 n 阶可逆矩阵,则(　　).

A. 若 $\boldsymbol{AC}=\boldsymbol{BC}$,则 $\boldsymbol{A}=\boldsymbol{C}$

B. $\boldsymbol{A}$ 总可以经过有限次初等行变换化为单位矩阵 $\boldsymbol{E}$

C. 对矩阵 $(\boldsymbol{A},\boldsymbol{E})$ 施行若干次初等变换,当 $\boldsymbol{A}$ 变为 $\boldsymbol{E}$ 时,相应的 $\boldsymbol{E}$ 变为 $\boldsymbol{A}$

D.以上都不对

4.设 A 为4阶方阵,且 $R(A)=4$,则 $R(A^*)=(\quad)$.

A.0　　B.1　　C.2　　D.4

5.设 A 是 $m\times n$ 阶矩阵,且 $m<n$.若 A 的行向量组线性无关,则(　　).

A.$AX=b$ 有无穷多解　　B.$AX=b$ 有唯一解

C.$AX=b$ 无解　　D.$AX=0$ 仅有零解

三、计算题(每小题8分,共40分)

1.计算行列式 $\begin{vmatrix} 2 & -5 & 1 & 2 \\ -3 & 7 & -1 & 4 \\ 5 & -9 & 2 & 7 \\ 4 & -6 & 1 & 2 \end{vmatrix}$.

2.用初等变换求矩阵 $A=\begin{pmatrix} 1 & 2 & 3 \\ 2 & 1 & 2 \\ 1 & 3 & -4 \end{pmatrix}$的逆矩阵.

3.已知 $A=\begin{pmatrix} 5 & -2 & 1 \\ 3 & 4 & 1 \end{pmatrix}$, $B=\begin{pmatrix} -3 & 2 & 0 \\ -2 & 0 & 1 \end{pmatrix}$,试求 $2A-5B$, AB^{T}.

4.用初等行变换求矩阵 $A=\begin{pmatrix} 1 & -1 & 2 & 1 & 0 \\ 2 & -2 & 4 & -2 & 0 \\ 3 & 0 & 6 & -1 & 1 \\ 0 & 3 & 0 & 0 & 1 \end{pmatrix}$的秩.

5. 向量组 $A:a_1=(1,1,2,1)^{T}$, $a_2=(3,1,4,2)^{T}$, $a_3=(4,2,6,3)^{T}$, $a_4=(2,2,4,2)^{T}$, $a_5=(5.3.8.4)^{T}$.(1)求向量组 A 的秩.(2)求此向量组 A 的一个最大无关组.

四、证明题(10分)

已知 n 阶方阵 A 满足 $A^2-A-2E=0$,证明 A 及 $A+2E$ 可逆,并求 A^{-1} 及 $(A+2E)^{-1}$.

五、解方程组(每小题10分,共20分)

1.设 $A=\begin{pmatrix} 1 & 2 & 3 \\ 2 & 2 & 1 \\ 3 & 4 & 3 \end{pmatrix}$, $B=\begin{pmatrix} 2 & 1 \\ 5 & 3 \end{pmatrix}$, $C=\begin{pmatrix} 1 & 3 \\ 2 & 0 \\ 3 & 1 \end{pmatrix}$,且满足 $AXB=C$,求矩阵 X.

2.求齐次线性方程组 $\begin{cases} x_1+2x_2+2x_3+x_4=0 \\ 2x_1+x_2-2x_3-2x_4=0 \\ x_1-x_2-4x_3-3x_4=0 \end{cases}$的解.

自测习题五

一、填空题(每小题3分,共30分)

1.排列7516432的逆序数是________.

2.在5阶行列式$|a_{ij}|$中,项$a_{51}a_{42}a_{33}a_{24}a_{15}$应取的符号是________.

3.设$D=\begin{vmatrix}1 & a\\3 & a^2\end{vmatrix}$,则当$a=$________时,$D=0$.

4.设$D=\begin{vmatrix}-1 & 2 & 3\\3 & 1 & a\\2 & 4 & 5\end{vmatrix}$,则$D$中元素$a$的代数余子式是________.

5.设$\boldsymbol{A}=\begin{pmatrix}7 & 11\\5 & 8\end{pmatrix}$,则$\boldsymbol{A}^{-1}=$________.

6.设$\boldsymbol{A}=\begin{pmatrix}1 & 0 & 0 & 1\\2 & 1 & 0 & 4\\-1 & 0 & 4 & 3\end{pmatrix}$,则$R(\boldsymbol{A})=$________.

7.设$\boldsymbol{A}$为3阶方阵,若$|\boldsymbol{A}|=3$,则$|(-3)\boldsymbol{A}|=$________.

8.线性方程组$\boldsymbol{AX}=\boldsymbol{b}$有解得充分必要条件是________.

9.向量组$\boldsymbol{B}:\boldsymbol{\beta}_1,\boldsymbol{\beta}_2,\cdots,\boldsymbol{\beta}_l$可由向量组$\boldsymbol{A}:\boldsymbol{\alpha}_1,\boldsymbol{\alpha}_2,\cdots,\boldsymbol{\alpha}_m$线性表示的充分必要条件是________.

10.向量组$\boldsymbol{A}:\boldsymbol{\alpha}_1=(-1,0,1)^{\mathrm{T}},\boldsymbol{\alpha}_2=(1,2,3)^{\mathrm{T}},\boldsymbol{\alpha}_3=(0,2,4)^{\mathrm{T}}$的一个最大无关组是________.

二、选择题(每小题5分,共10分)

1.$\begin{vmatrix}k-1 & 2\\2 & k-1\end{vmatrix}\neq 0$的充分必要条件是(　　)

A.$k\neq -1$且$k\neq 3$　　B.$k\neq -1$或$k\neq 3$

C.$k\neq 3$　　D.$k\neq -1$

2.设$\boldsymbol{A},\boldsymbol{B}$为$n$阶方阵,则下列正确的是(　　)

A.$|\boldsymbol{A}+\boldsymbol{B}|=|\boldsymbol{A}|+|\boldsymbol{B}|$　　B.$\boldsymbol{AB}=\boldsymbol{BA}$

C.$|\boldsymbol{AB}|=|\boldsymbol{BA}|$　　D.$(\boldsymbol{AB})^{-1}=\boldsymbol{A}^{-1}+\boldsymbol{B}^{-1}$

三、计算下列行列式(每小题10分,共20分)

1.$D=\begin{vmatrix}1 & 2 & -4\\-2 & 2 & 1\\-3 & 4 & -2\end{vmatrix}$.

2.$D=\begin{vmatrix}1 & 1 & 1 & 1\\1 & 2 & 1 & 1\\1 & 1 & 3 & 1\\1 & 1 & 1 & 4\end{vmatrix}$.

四、求方阵的逆矩阵(每小题10分,共20分)

1.$\boldsymbol{A}=\begin{pmatrix}1 & 2 & 3\\2 & 2 & 1\\3 & 4 & 3\end{pmatrix}$,求$\boldsymbol{A}^{-1}$.

2. $A = \begin{pmatrix} a_1 & & & \\ & a_2 & & \\ & & \ddots & \\ & & & a_n \end{pmatrix}$, $a_1 a_2 \cdots a_n \neq 0$,求 A^{-1}.

五、设 $A = \begin{pmatrix} 4 & 1 & -2 \\ 2 & 2 & 1 \\ 3 & 1 & -1 \end{pmatrix}$, $B = \begin{pmatrix} 1 & -3 \\ 2 & 2 \\ 3 & -1 \end{pmatrix}$,求 X 使 $AX = B$.(共 10 分)

六、已知向量组 a_1, a_2, a_3 线性无关,$b_1 = a_1 + a_2$, $b_2 = a_2 + a_3$, $b_3 = a_3 + a_1$,试证向量组 b_1, b_2, b_3 线性无关.(共 10 分)

自测习题答案

自测习题一

一、填空题

1. $ab(b-a)$； 2. 0； 3. $\frac{2}{3}$； 4. $(-1)^{2+3}\begin{vmatrix}1 & 0\\ 2 & -1\end{vmatrix}$； 5. $\begin{pmatrix}5 & -2\\ -2 & 1\end{pmatrix}$.

二、选择题

1. D； 2. A； 3. D； 4. D； 5. A.

三、计算题

1. 原式 $=\begin{vmatrix}1 & -1 & 1 & 3\\ 1 & 1 & 3 & 4\\ 1 & 1 & 2 & 3\\ 1 & 1 & 1 & 1\end{vmatrix}=\begin{vmatrix}1 & -1 & 1 & 3\\ 0 & 2 & 2 & 1\\ 0 & 2 & 1 & 0\\ 0 & 2 & 0 & -2\end{vmatrix}=$ (4分)

$\begin{vmatrix}1 & -1 & 1 & 3\\ 0 & 2 & 2 & 1\\ 0 & 0 & -1 & -1\\ 0 & 0 & -2 & -3\end{vmatrix}=\begin{vmatrix}1 & -1 & 1 & 3\\ 0 & 2 & 2 & 1\\ 0 & 0 & 1 & 1\\ 0 & 0 & 1 & -1\end{vmatrix}=-2$ (4分)

2. $\boldsymbol{A}=\begin{pmatrix}-5 & 2 & 2\\ 2 & -6 & 0\\ 2 & 0 & -4\end{pmatrix}$ (2分)

$a_{11}=-5<0,\begin{vmatrix}a_{11} & a_{12}\\ a_{21} & a_{22}\end{vmatrix}=26>0,|\boldsymbol{A}|=-80<0$ (4分)

所以 f 为负定的(2分)

3. 解：$(\boldsymbol{A},\boldsymbol{B})=\begin{pmatrix}1 & 0 & 0 & 1 & 1\\ -2 & 1 & 0 & 1 & 2\\ 7 & -2 & 1 & -1 & 0\end{pmatrix}\sim\cdots\sim\begin{pmatrix}1 & 0 & 0 & 1 & 1\\ 0 & 1 & 0 & 3 & 4\\ 0 & 0 & 4 & -2 & 1\end{pmatrix}$ (5分)

$\boldsymbol{A}\sim\boldsymbol{E}$，所以 $\boldsymbol{A}$ 可逆(1分)，$\boldsymbol{X}=\boldsymbol{A}^{-1}\boldsymbol{B}=\begin{pmatrix}1 & 1\\ 3 & 4\\ -2 & 1\end{pmatrix}$ (2分)

4. 由 $\boldsymbol{A}\sim\boldsymbol{\lambda}$，所以由 $|\boldsymbol{A}|=|\lambda|$ 有 $5x-160=-20y$，由 $\sum a_{ii}=\sum\lambda_i$，有 $2x=1+y$ (4分)，所以 $x=4,y=5$ (4分)

5. 因为 $|\boldsymbol{A}|=(3+\lambda)\lambda^2$ (1分)

当 $\lambda \neq 0$ 且 $\lambda \neq -3$ 时方程组有唯一解.(2 分)

当 $\lambda = 0$ 时 $R(\boldsymbol{A}) = 1, R(\boldsymbol{B}) = 2$ 故无解.(2 分)

当 $\lambda = -3$ 时 $\boldsymbol{B} \sim \begin{pmatrix} 1 & 0 & -1 & -1 \\ 0 & 1 & -1 & -2 \\ 0 & 0 & 0 & 0 \end{pmatrix}$.

通解为 $\boldsymbol{x} = C\begin{pmatrix} 1 \\ 1 \\ 1 \end{pmatrix} + \begin{pmatrix} -1 \\ -2 \\ 0 \end{pmatrix}$(3 分)

6. 解:$\lambda \boldsymbol{E} - \boldsymbol{A} = \begin{pmatrix} \lambda - 2 & 0 & 0 \\ -1 & \lambda - 2 & 1 \\ -1 & 0 & \lambda - 1 \end{pmatrix}$(2 分)

$|\lambda \boldsymbol{E} - \boldsymbol{A}| = |\begin{pmatrix} \lambda - 2 & 0 & 0 \\ -1 & \lambda - 2 & 1 \\ -1 & 0 & \lambda - 1 \end{pmatrix}| = (\lambda - 1)(\lambda - 2)^2 = 0$,得 $\lambda = 1, \lambda = 2$(2分)

若 $\lambda = 1, \boldsymbol{E} - \boldsymbol{A} = \begin{pmatrix} -1 & 0 & 0 \\ -1 & -1 & 1 \\ -1 & 0 & 0 \end{pmatrix} \to \begin{pmatrix} 1 & 0 & 0 \\ 0 & 1 & -1 \\ 0 & 0 & 0 \end{pmatrix}$.

$x_1 = 0, x_2 = x_3, \xi_1 = \begin{pmatrix} 0 \\ 1 \\ 1 \end{pmatrix}$(2 分)

若 $\lambda = 2, 2\boldsymbol{E} - \boldsymbol{A} = \begin{pmatrix} 0 & 0 & 0 \\ -1 & 0 & 1 \\ -1 & 0 & 1 \end{pmatrix} \to \begin{pmatrix} 0 & 0 & 0 \\ -1 & 0 & 1 \\ 0 & 0 & 0 \end{pmatrix}$.

$x_1 = x_3, \xi_2 = \begin{pmatrix} 0 \\ 1 \\ 0 \end{pmatrix}, \xi_3 = \begin{pmatrix} 1 \\ 0 \\ 1 \end{pmatrix}$(2 分).

$\exists \boldsymbol{P} = \begin{pmatrix} 0 & 0 & 1 \\ 1 & 1 & 0 \\ 1 & 0 & 1 \end{pmatrix}$(2 分),使 $\boldsymbol{P}^{-1}\boldsymbol{A}\boldsymbol{P} = \begin{pmatrix} 1 & & \\ & 2 & \\ & & 2 \end{pmatrix}$

四、因为 $\boldsymbol{A}^{-1} = \frac{1}{|\boldsymbol{A}|}\boldsymbol{A}^*$(4 分)

两端同乘以 $\boldsymbol{A}$ 有 $\boldsymbol{E} = \left(\frac{1}{|\boldsymbol{A}|}\boldsymbol{A}\right)\boldsymbol{A}^*$,所以 $(\boldsymbol{A}^*)^{-1} = \frac{1}{|\boldsymbol{A}|}\boldsymbol{A}$(3 分)

而 $(\boldsymbol{A}^{-1})^* = |\boldsymbol{A}^{-1}|(\boldsymbol{A}^{-1})^{-1} = \frac{1}{|\boldsymbol{A}|}\boldsymbol{A}$,即 $(\boldsymbol{A}^*)^{-1} = (\boldsymbol{A}^{-1})^*$(3 分)

自测习题二

一、填空题

1. $R(\boldsymbol{A}) = 3$; 2. -16; 3. $R(\boldsymbol{A}) < m$; 4. $\eta - 2 = 2$; 5. a_1, a_2.

二、选择题

1. A;2. ABD;3. BCD;4. ABCD;5. AB.

三、判断题

1. √;2. √;3. ×;4. ×;5. √.

四、计算题

1. $D=\begin{vmatrix}6&6&6&6\\1&3&1&1\\1&1&3&1\\1&1&1&3\end{vmatrix}=6\begin{vmatrix}1&1&1&1\\1&3&1&1\\1&1&3&1\\1&1&1&3\end{vmatrix}=6\begin{vmatrix}1&1&1&1\\0&2&0&0\\0&0&2&0\\0&0&0&2\end{vmatrix}=$(6分)48 (2分)

2. $A\sim\cdots\sim\begin{pmatrix}1&1&1&1\\0&2&1&2\\0&0&-1&-6\\0&0&0&1\end{pmatrix}$ (6分),$R(A)=4$(2分)

3. $(AE)=\begin{pmatrix}1&-2&1&1&0&0\\2&-3&1&0&1&0\\3&1&-3&0&0&1\end{pmatrix}\sim\cdots\sim\begin{pmatrix}1&0&0&8&-5&1\\0&1&0&9&-6&1\\0&0&1&11&-7&1\end{pmatrix}$(5分)

$A\sim E$,所以 A 可逆(1分),$A^{-1}=\begin{pmatrix}8&-5&1\\9&-6&1\\11&-7&1\end{pmatrix}$ (2分)

4. $(A,B)=\begin{pmatrix}1&0&0&1&1\\-2&1&0&1&2\\7&-2&1&-1&0\end{pmatrix}\sim\cdots\sim\begin{pmatrix}1&0&0&1&1\\0&1&0&3&4\\0&0&4&-2&1\end{pmatrix}$ (5分)

$A\sim E$,所以 A 可逆(1分),$X=A^{-1}B=\begin{pmatrix}1&1\\3&4\\-2&1\end{pmatrix}$ (2分)

5. $A\sim\cdots\sim\begin{pmatrix}1&1&-2&1&4\\0&1&-1&1&0\\0&0&0&1&-3\\0&0&0&0&0\end{pmatrix}$ (5分)

令 $A=(a_1,a_2,a_3,a_4,a_5)$,$R(A)=3$

$(a_1,a_2,a_4)\sim\begin{pmatrix}1&1&1\\0&1&1\\0&0&1\\0&0&0\end{pmatrix}$,$R(a_1,a_2,a_4)=3$,所以 a_1,a_2,a_4 线性无关 (3分)

故 a_1,a_2,a_4 为 A 的列向量组的一个最大无关组.(2分)

6. $A=\begin{pmatrix}1&1&1&1&1\\3&2&1&1&-3\\5&4&3&3&-1\\0&1&2&2&6\end{pmatrix}\sim\cdots\sim\begin{pmatrix}1&0&-1&-1&-5\\0&1&2&2&6\\0&0&0&0&0\\0&0&0&0&0\end{pmatrix}$ (4分)

$n-r=5-2=3$ (1分)

方程组的基础解系为

$\boldsymbol{a}_1=(1,-2,1,0,0)^{\mathrm{T}},\boldsymbol{a}_2=(1,-2,0,1,0)^{\mathrm{T}},\boldsymbol{a}_3=(5,-6,0,0,1)^{\mathrm{T}}$ (3分)

方程组的通解为

$$\boldsymbol{\eta}=c_1\boldsymbol{a}_1+c_2\boldsymbol{a}_2+c_3\boldsymbol{a}_3 \quad (c_1,c_2\in\mathbf{R}) \quad (2分)$$

五、设有 x_1,x_2,x_3 使

$$x_1\boldsymbol{\beta}_1+x_2\boldsymbol{\beta}_2+x_3\boldsymbol{\beta}_3=\mathbf{0} \quad (2分)$$

即

$$x_1(\boldsymbol{a}_1+\boldsymbol{a}_2)+x_2(\boldsymbol{a}_2+\boldsymbol{a}_3)+x_3(\boldsymbol{a}_3+\boldsymbol{a}_1)=\mathbf{0}$$

$$(x_1+x_3)\boldsymbol{a}_1+(x_1+x_2)\boldsymbol{a}_2+(x_2+x_3)\boldsymbol{a}_3=\mathbf{0} \quad (2分)$$

因为 $\boldsymbol{x}_1,\boldsymbol{x}_2,\boldsymbol{x}_3$ 线性无关,所以

$$\begin{cases}x_1+x_3=0\\x_1+x_2=0\\x_2+x_3=0\end{cases} \quad (2分) \quad D=\begin{vmatrix}1&0&1\\1&1&0\\0&1&1\end{vmatrix}=2\neq0 \quad (2分)$$

因而方程组有唯一解,即只有零解 $\boldsymbol{x}_1=\boldsymbol{x}_2=\boldsymbol{x}_3=\mathbf{0}$,故向量组 $\boldsymbol{\beta}_1,\boldsymbol{\beta}_2,\boldsymbol{\beta}_3$ 线性无关.

自测习题三

一、填空题

1.1;2.7; 3.0; 4.32;5. $\boldsymbol{A}^2$;6.6;7. $\left(-\frac{7}{3},-\frac{5}{3},-4,-6\right)$;8. -3;9.4, -2;10.2.

二、选择题

1.B;2.A;3.C;4.A;5.C.

三、计算题

1.原式 $=\begin{vmatrix}1&2&3&4\\1&0&1&2\\3&-1&-1&0\\1&2&0&5\end{vmatrix}=\begin{vmatrix}1&2&3&4\\0&-2&-2&-2\\0&-7&-10&-12\\0&0&-3&1\end{vmatrix}=2\begin{vmatrix}1&1&1\\7&10&12\\0&-3&1\end{vmatrix}=$

$$2\begin{vmatrix}1&1&1\\0&3&5\\0&-3&1\end{vmatrix}=(4分)$$

$$2\begin{vmatrix}3&5\\-3&1\end{vmatrix}=2(3+15)=36(4分)$$

2. $2\boldsymbol{A}-5\boldsymbol{B}=\begin{pmatrix}10&-4&2\\6&8&-2\end{pmatrix}-\begin{pmatrix}-15&10&0\\-10&0&5\end{pmatrix}=\begin{pmatrix}25&-14&2\\16&8&-7\end{pmatrix}$(2分)

$\boldsymbol{A}\boldsymbol{B}^{\mathrm{T}}=\begin{pmatrix}5&-2&1\\3&4&-1\end{pmatrix}\begin{pmatrix}-3&-2\\2&0\\0&1\end{pmatrix}=\begin{pmatrix}-19&-9\\-1&-7\end{pmatrix}$(3分)

$$|BA^{T}| = \left|\begin{pmatrix}-3 & 2 & 0\\ -2 & 0 & 1\end{pmatrix}\begin{pmatrix}5 & 3\\ -2 & 4\\ 1 & 1\end{pmatrix}\right| = \begin{vmatrix}-19 & 1\\ -9 & -5\end{vmatrix} = 104\text{(3 分)}$$

3. $(A,E) = \begin{pmatrix}1 & 2 & 3 & 1 & 0 & 0\\ 2 & 1 & 2 & 0 & 1 & 0\\ 1 & 3 & 4 & 0 & 0 & 1\end{pmatrix} \sim \cdots \sim \begin{pmatrix}1 & 0 & 0 & -2 & 1 & 1\\ 0 & 1 & 0 & -6 & 1 & 4\\ 0 & 0 & 1 & 5 & -1 & -3\end{pmatrix}$ (5 分)

所以 $A^{-1} = \begin{pmatrix}-2 & 1 & 1\\ -6 & 1 & 4\\ 5 & -1 & -3\end{pmatrix}$ (3 分)

4. $A = \begin{pmatrix}1 & 3 & -1 & -2\\ 2 & -1 & 2 & 3\\ 3 & 2 & 1 & 1\\ 1 & -4 & 5 & 5\end{pmatrix} \sim \begin{pmatrix}1 & 3 & -1 & -2\\ 0 & -7 & 4 & 7\\ 0 & -7 & 4 & 7\\ 0 & -7 & 6 & 7\end{pmatrix} \sim \begin{pmatrix}1 & 3 & -1 & -2\\ 0 & -7 & 4 & 7\\ 0 & -7 & 6 & 7\\ 0 & 0 & 0 & 0\end{pmatrix} \sim$

$\begin{pmatrix}1 & 3 & -1 & -2\\ 0 & -7 & 4 & 7\\ 0 & 0 & 2 & 0\\ 0 & 0 & 0 & 0\end{pmatrix}$ (5 分)

$r(A) = 3$(3 分)

5. $A = (\alpha_1,\alpha_2,\alpha_3,\alpha_4) =$

$\begin{pmatrix}2 & 1 & 2 & 3\\ 4 & 1 & 3 & 5\\ 2 & 0 & 1 & 2\end{pmatrix} \sim \begin{pmatrix}2 & 1 & 2 & 3\\ 0 & -1 & -1 & -1\\ 0 & -1 & -1 & -1\end{pmatrix} \sim \begin{pmatrix}2 & 1 & 2 & 3\\ 0 & 1 & 1 & 1\\ 0 & 0 & 0 & 0\end{pmatrix} \sim$

$\begin{pmatrix}2 & 0 & 1 & 3\\ 0 & 1 & 1 & 1\\ 0 & 0 & 0 & 0\end{pmatrix}$ (3 分)

$R(A) = 2$，α_1,α_2 为该向量组的一最大无关组．（2 分）

且 $\alpha_3 = \frac{1}{2}\alpha_1 + \alpha_2$，$\alpha_4 = \frac{3}{2}\alpha_1 + \alpha_3$ （3 分）

四、解方程

作方程组的增广矩阵 $(A \vdots b)$，并对它施以初等行变换

$$(A \vdots b) = \left(\begin{array}{cccc:c}1 & 5 & -1 & -1 & -1\\ 1 & -2 & 1 & 3 & 3\\ 3 & 8 & -1 & 1 & 1\\ 1 & -9 & 3 & 7 & 7\end{array}\right) \sim \cdots \sim \left(\begin{array}{cccc:c}1 & 0 & \frac{3}{7} & \frac{13}{7} & \frac{13}{7}\\ 0 & 1 & -\frac{2}{7} & -\frac{4}{7} & -\frac{4}{7}\\ 0 & 0 & 0 & 0 & 0\\ 0 & 0 & 0 & 0 & 0\end{array}\right)\text{(3 分)}$$

即方程组同解于

$$\begin{cases}x_1 = \frac{13}{7} - \frac{3}{7}x_3 - \frac{13}{7}x_4\\ x_2 = -\frac{4}{7} + \frac{2}{7}x_3 + \frac{4}{7}x_4\end{cases}$$

其中，x_3,x_4 为自由未知量，令$\begin{pmatrix}x_3\\x_4\end{pmatrix}=\begin{pmatrix}0\\0\end{pmatrix}$，得方程组的一个解

$$\eta=\begin{pmatrix}\frac{13}{7}\\-\frac{4}{7}\\0\\0\end{pmatrix} \quad (3分)$$

原方程组的导出组同解于$\begin{cases}x_1=\frac{3}{7}x_3-\frac{13}{7}x_4\\x_2=\frac{2}{7}x_3+\frac{4}{7}x_4\end{cases}$其中，$x_3,x_4$ 为自由未知量，令$\begin{pmatrix}x_3\\x_4\end{pmatrix}=\begin{pmatrix}1\\0\end{pmatrix}$，$\begin{pmatrix}0\\1\end{pmatrix}$，即导出组的基础解系为

$$\boldsymbol{\xi}_1=\begin{pmatrix}-\frac{3}{7}\\\frac{2}{7}\\1\\0\end{pmatrix},\boldsymbol{\xi}_2=\begin{pmatrix}-\frac{13}{7}\\\frac{4}{7}\\0\\1\end{pmatrix} \quad (3分)$$

因此方程组的全部解为

$$\boldsymbol{x}=\boldsymbol{\eta}+c_1\boldsymbol{\xi}_1+c_2\boldsymbol{\xi}_2=\begin{pmatrix}\frac{13}{7}\\-\frac{4}{7}\\0\\0\end{pmatrix}+c_1\begin{pmatrix}-\frac{3}{7}\\\frac{2}{7}\\1\\0\end{pmatrix}+c_2\begin{pmatrix}-\frac{13}{7}\\\frac{4}{7}\\0\\1\end{pmatrix} \quad (1分)$$

五、设有一组数 k_1,k_2,k_3，使得 $k_1\boldsymbol{\beta}_1+k_2\boldsymbol{\beta}_2+k_3\boldsymbol{\beta}_3=\mathbf{0}$，即

$$k_1(\boldsymbol{\alpha}_1-\boldsymbol{\alpha}_2+2\boldsymbol{\alpha}_3)+k_2(2\boldsymbol{\alpha}_1+\boldsymbol{\alpha}_3)+k_3(4\boldsymbol{\alpha}_1+\boldsymbol{\alpha}_2-2\boldsymbol{\alpha}_3)=\mathbf{0} \quad (2分)$$

整理得

$$(k_1+2k_2+4k_3)\boldsymbol{\alpha}_1+(-k_1+k_3)\boldsymbol{\alpha}_2+(2k_1+k_2-2k_3)\boldsymbol{\alpha}_3=\mathbf{0} \quad (2分)$$

因为 $\boldsymbol{\alpha}_1,\boldsymbol{\alpha}_2,\boldsymbol{\alpha}_3$ 线性无关，故

$$\begin{cases}k_1+2k_2+4k_3=0\\-k_1+k_3=0\\2k_1+k_2-2k_3=0\end{cases} \quad (2分)$$

因为

$$\begin{vmatrix}1&2&4\\-1&0&1\\2&1&-2\end{vmatrix}\neq 0$$

故 $k_1=k_2=k_3=0$，故向量 $\boldsymbol{\beta}_1,\boldsymbol{\beta}_2,\boldsymbol{\beta}_3$ 线性无关.(2分)

自测习题四

一、填空题

1.0;2. $\frac{1}{4}$;3.6;4. -3;5. $\left(-\frac{7}{3},-\frac{5}{3},-4,-6\right)$.

二、选择题

1.A;2.C;3.B;4.D;5.A

三、计算题

1.原式 $=\begin{vmatrix}2&-5&1&2\\-1&2&0&6\\1&1&0&3\\2&-1&0&0\end{vmatrix}=\begin{vmatrix}-1&2&6\\1&1&3\\0&-3&-6\end{vmatrix}=$ (4分)

$\begin{vmatrix}0&3&9\\1&1&3\\0&-3&-6\end{vmatrix}=-\begin{vmatrix}3&9\\-3&-6\end{vmatrix}=-9$(4分)

2. $(\boldsymbol{A},\boldsymbol{E})=\begin{pmatrix}1&2&3&1&0&0\\2&1&2&0&1&0\\1&3&4&0&0&1\end{pmatrix}\sim\cdots\sim\begin{pmatrix}1&0&0&-2&1&1\\0&1&0&-6&1&4\\0&0&1&5&-1&-3\end{pmatrix}$ (5分)

所以 $\boldsymbol{A}^{-1}=\begin{pmatrix}-2&1&1\\-6&1&4\\5&-1&-3\end{pmatrix}$ (3分)

3. $2\boldsymbol{A}-5\boldsymbol{B}=\begin{pmatrix}10&-4&2\\6&8&-2\end{pmatrix}-\begin{pmatrix}-15&10&0\\-10&0&5\end{pmatrix}=\begin{pmatrix}25&-14&2\\16&8&-7\end{pmatrix}$ (4分)

$\boldsymbol{AB}^{\mathrm{T}}=\begin{pmatrix}5&-2&1\\3&4&-1\end{pmatrix}\begin{pmatrix}-3&-2\\2&0\\0&1\end{pmatrix}=\begin{pmatrix}-19&-9\\-1&-7\end{pmatrix}$(4分)

4. $\boldsymbol{A}=\begin{pmatrix}1&-1&2&1&0\\2&-2&4&-2&0\\3&0&6&-1&1\\0&3&0&0&1\end{pmatrix}\sim\begin{pmatrix}1&-1&2&1&0\\0&3&0&-4&1\\0&0&0&4&0\\0&0&0&0&0\end{pmatrix}$(5分)

$R(\boldsymbol{A})=3$(3分)

5. $\boldsymbol{A}=(\boldsymbol{a}_1,\boldsymbol{a}_2,\boldsymbol{a}_3,\boldsymbol{a}_4,\boldsymbol{a}_5)=\begin{pmatrix}1&3&4&2&5\\1&1&2&2&3\\2&4&6&4&8\\1&2&3&2&4\end{pmatrix}\sim\begin{pmatrix}1&3&4&2&5\\0&1&1&0&1\\0&0&0&0&0\\0&0&0&0&0\end{pmatrix}$ (4分)

所以 $R(\boldsymbol{A})=2$(2分), $\boldsymbol{a}_1,\boldsymbol{a}_2$ 为该向量组的一最大无关组.(2分)

四、$\boldsymbol{A}^2-\boldsymbol{A}-2\boldsymbol{E}=\boldsymbol{0}\Rightarrow\boldsymbol{A}\cdot\frac{1}{2}(\boldsymbol{A}-2\boldsymbol{E})=\boldsymbol{E}\Rightarrow|\boldsymbol{A}|\cdot\left|\frac{1}{2}(\boldsymbol{A}-2\boldsymbol{E})\right|=1\neq$

$0 \Rightarrow |\boldsymbol{A}| \neq 0 \Rightarrow \boldsymbol{A}$ 可逆且 $\boldsymbol{A}^{-1} = \frac{1}{2}(\boldsymbol{A} - 2\boldsymbol{E})$.(5分)

$\boldsymbol{A}^2 - \boldsymbol{A} - 2\boldsymbol{E} = \boldsymbol{0} \Rightarrow -\frac{1}{4}(\boldsymbol{A} - 3\boldsymbol{E})(\boldsymbol{A} + 2\boldsymbol{E}) = \boldsymbol{E} \Rightarrow \left| -\frac{1}{4}(\boldsymbol{A} - 3\boldsymbol{E}) \right| \cdot |\boldsymbol{A} + 2\boldsymbol{E}| = 1 \neq 0 \Rightarrow |\boldsymbol{A} + 2\boldsymbol{E}| \neq 0 \Rightarrow (\boldsymbol{A} + 2\boldsymbol{E})$ 可逆且 $(\boldsymbol{A} + 2\boldsymbol{E})^{-1} = -\frac{1}{4}(\boldsymbol{A} - 3\boldsymbol{E})$.(5分)

五、解方程组

1. 因为 $|\boldsymbol{A}| = 2 \neq 0$,所以 $\boldsymbol{A}$ 可逆且 $\boldsymbol{A}^{-1} = \begin{pmatrix} 1 & 3 & -2 \\ -\frac{3}{2} & -3 & \frac{5}{2} \\ 1 & 1 & -1 \end{pmatrix}$ (3分)

又因为 $|\boldsymbol{B}| = 1 \neq 0$,所以 $\boldsymbol{B}$ 可逆且 $\boldsymbol{B}^{-1} = \begin{pmatrix} 3 & -1 \\ -5 & 2 \end{pmatrix}$ (3分)

于是 $\boldsymbol{X} = \boldsymbol{A}^{-1}\boldsymbol{C}\boldsymbol{B}^{-1} = \begin{pmatrix} 1 & 3 & -2 \\ -\frac{3}{2} & -3 & \frac{5}{2} \\ 1 & 1 & -1 \end{pmatrix}\begin{pmatrix} 1 & 3 \\ 2 & 0 \\ 3 & 1 \end{pmatrix}\begin{pmatrix} 3 & -1 \\ -5 & 2 \end{pmatrix} = \begin{pmatrix} -2 & 1 \\ 10 & -4 \\ -10 & 4 \end{pmatrix}$ (4分)

2. $\boldsymbol{A} = \begin{pmatrix} 1 & 2 & 2 & 1 \\ 2 & 1 & -2 & -2 \\ 1 & -1 & -4 & -3 \end{pmatrix} \sim \begin{pmatrix} 1 & 0 & -2 & -\frac{5}{3} \\ 0 & 1 & 2 & \frac{4}{3} \\ 0 & 0 & 0 & 0 \end{pmatrix}$(4分)

即得与原方程组同解的方程组 $\begin{cases} x_1 - 2x_3 - \frac{5}{3}x_4 = 0 \\ x_2 + 2x_3 + \frac{4}{3}x_4 = 0 \end{cases}$ (3分)

取 $x_3 = c_1, x_4 = c_2$,得 $\begin{pmatrix} x_1 \\ x_2 \\ x_3 \\ x_4 \end{pmatrix} = c_1\begin{pmatrix} -2 \\ 2 \\ 1 \\ 0 \end{pmatrix} + c_2\begin{pmatrix} \frac{5}{3} \\ -\frac{4}{3} \\ 0 \\ 1 \end{pmatrix}$ (3分)

自测习题五

一、填空题

1. 16　2. +　3. $a = 0$ 或 $a = 3$　4. 8　5. $\begin{pmatrix} -14 & 11 \\ 9 & -7 \end{pmatrix}$　6. 3　7. −81　8. $R(\boldsymbol{A}) = R(\boldsymbol{A}, \boldsymbol{B})$　9. $R(\boldsymbol{A}) = R(\boldsymbol{A}, \boldsymbol{B})$　10. $\boldsymbol{\alpha}_1, \boldsymbol{\alpha}_2$

二、选择题

1. A　2. C

三、计算下列行列式

1.按对角法则,有

$D = 1\times2\times(-2)+2\times1\times(-3)+(-4)\times(-2)\times4-1\times1\times4-2\times(-2)\times(-2)-(-4)\times2\times(-3)=$ (5分)

$-4-6+32-4-8-24=-14$ (5分)

2. $D=\begin{vmatrix}1&1&1&1\\0&1&0&0\\0&0&2&0\\0&0&0&3\end{vmatrix}=$ (5分)

6 (5分)

四、求出下列矩阵的逆矩阵

1. $|\boldsymbol{A}|=2\neq0$,知 $\boldsymbol{A}^{-1}$ 存在(2分)

$$A_{11}=2,A_{12}=-3,A_{13}=2$$
$$A_{21}=6,A_{22}=-6,A_{23}=2$$
$$A_{31}=-4,A_{32}=5,A_{33}=-2 \quad (6分)$$

$$\boldsymbol{A}^{-1}=\frac{1}{|\boldsymbol{A}|}\boldsymbol{A}^*=\begin{pmatrix}1&3&-2\\-\frac{3}{2}&-3&\frac{5}{2}\\1&1&-1\end{pmatrix} \quad (2分)$$

2. $|\boldsymbol{A}|=a_1a_2\cdots a_n\neq0$,知 $\boldsymbol{A}^{-1}$ 存在 (2分)

$$A_{11}=a_2a_3\cdots a_n,A_{22}=a_1a_3\cdots a_n,A_{33}=a_1a_2\cdots a_n$$
$$\vdots$$
$$A_{ij}=0(i\neq j)$$
$$A_{nn}=a_1a_2a_3\cdots a_{n-1} \quad (6分)$$

$$\boldsymbol{A}^{-1}=\frac{1}{|\boldsymbol{A}|}\boldsymbol{A}^*=\begin{pmatrix}\frac{1}{a_1}&&&\\&\frac{1}{a_2}&&\\&&\ddots&\\&&&\frac{1}{a_n}\end{pmatrix} \quad (2分)$$

五、若 $\boldsymbol{A}$ 可逆,则 $\boldsymbol{X}=\boldsymbol{A}^{-1}\boldsymbol{B}$ (2分)

$$(\boldsymbol{AB})=\begin{pmatrix}4&1&-2&1&-3\\2&2&1&2&2\\3&1&-1&3&-1\end{pmatrix}\to\begin{pmatrix}1&0&-1&-2&-2\\0&2&3&6&6\\0&1&2&9&5\end{pmatrix}(3分)\to$$

$$\begin{pmatrix}1&0&-1&-2&-2\\0&1&2&9&5\\0&0&1&12&2\end{pmatrix}\to$$

$$\begin{pmatrix} 1 & 0 & 0 & 10 & 2 \\ 0 & 1 & 0 & -15 & -3 \\ 0 & 0 & 1 & 12 & 4 \end{pmatrix} \quad (3\text{分})$$

因此 $\boldsymbol{X} = \begin{pmatrix} 10 & 2 \\ -15 & -3 \\ 12 & 4 \end{pmatrix}$ （2 分）

六、设有 x_1, x_2, x_3 使

$$x_1\boldsymbol{b}_1 + x_2\boldsymbol{b}_2 + x_3\boldsymbol{b}_3 = \boldsymbol{0} \quad (3\text{分})$$

即

$$(x_1 + x_3)\boldsymbol{a}_1 + (x_1 + x_2)\boldsymbol{a}_2 + (x_2 + x_3)\boldsymbol{a}_3 = \boldsymbol{0} \quad (2\text{分})$$

因为 $\boldsymbol{a}_1, \boldsymbol{a}_2, \boldsymbol{a}_3$ 线性无关 故有

$$\begin{cases} x_1 + x_3 = 0 \\ x_1 + x_2 = 0 \\ x_2 + x_3 = 0 \end{cases} \quad (3\text{分})$$

得

$$x_1 = x_2 = x_3 = 0$$

所以向量组 $\boldsymbol{b}_1, \boldsymbol{b}_2, \boldsymbol{b}_3$ 线性无关.（2 分）

读者反馈表

尊敬的读者：

您好！感谢您多年来对哈尔滨工业大学出版社的支持与厚爱！为了更好地满足您的需要，提供更好的服务，希望您对本书提出宝贵意见，将下表填好后，寄回我社或登录我社网站（http://hitpress.hit.edu.cn）进行填写。谢谢！您可享有的权益：

☆ 免费获得我社的最新图书书目　　☆ 可参加不定期的促销活动

☆ 解答阅读中遇到的问题　　☆ 购买此系列图书可优惠

读者信息

姓名__________ □先生 □女士 年龄______ 学历______

工作单位____________________ 职务________

E-mail ____________________ 邮编________

通讯地址____________________

购书名称________________ 购书地点________________

1. 您对本书的评价

内容质量 □很好 □较好 □一般 □较差

封面设计 □很好 □一般 □较差

编排 □利于阅读 □一般 □较差

本书定价 □偏高 □合适 □偏低

2. 在您获取专业知识和专业信息的主要渠道中，排在前三位的是：

①________ ②________ ③________

A. 网络 B. 期刊 C. 图书 D. 报纸 E. 电视 F. 会议 G. 内部交流 H. 其他：______

3. 您认为编写最好的专业图书（国内外）

书名	著作者	出版社	出版日期	定价

4. 您是否愿意与我们合作，参与编写、编译、翻译图书？

____

5. 您还需要阅读哪些图书？

____

网址：http://hitpress.hit.edu.cn

技术支持与课件下载：网站课件下载区

服务邮箱 wenbinzh@hit.edu.cn　duyanwell@163.com

邮购电话 0451－86281013　0451－86418760

组稿编辑及联系方式　赵文斌（0451－86281226）　杜燕（0451－86281408）

回寄地址：黑龙江省哈尔滨市南岗区复华四道街10号　哈尔滨工业大学出版社

邮编：150006　传真 0451－86414049